Meera Rajesh Kale (Ed.)

# Avanços recentes em ciências dos materiais

Meera Rajesh Kale (Ed.)

# Avanços recentes em ciências dos materiais

ScienciaScripts

**Imprint**

Any brand names and product names mentioned in this book are subject to trademark, brand or patent protection and are trademarks or registered trademarks of their respective holders. The use of brand names, product names, common names, trade names, product descriptions etc. even without a particular marking in this work is in no way to be construed to mean that such names may be regarded as unrestricted in respect of trademark and brand protection legislation and could thus be used by anyone.

Cover image: www.ingimage.com

This book is a translation from the original published under ISBN 978-620-7-65373-7.

Publisher:
Sciencia Scripts
is a trademark of
Dodo Books Indian Ocean Ltd. and OmniScriptum S.R.L publishing group

120 High Road, East Finchley, London, N2 9ED, United Kingdom
Str. Armeneasca 28/1, office 1, Chisinau MD-2012, Republic of Moldova, Europe
Printed at: see last page
**ISBN: 978-620-7-97744-4**

# ÍNDICE DE CONTEÚDOS

CAPÍTULO 1

**Síntese Verde de Nanofolhas de Zeólito Hierárquico para uma Catálise Eficiente na Produção de Biodiesel**

Dr. Gajanan C. Upadhye e Dr. Vinay H. Singh

Konkan Gyanpeeth, Faculdade de ASC de Karjat, Karjat, Raigad, Maharashtra

------------------------------------------------------------------------


Dr. Gajanan C. Upadhye e Dr. Vinay H. Singh

Konkan Gyanpeeth, Faculdade de ASC de Karjat, Karjat, Raigad, Maharashtra


## Resumo


Este trabalho de investigação explora a síntese de nanofolhas hierárquicas de zeólito através de uma abordagem de química verde, utilizando recursos renováveis, e avalia o seu desempenho catalítico na produção de biodiesel. O estudo teve como objetivo desenvolver um método ambientalmente sustentável para a produção de catalisadores de zeólito e avaliar a sua eficácia na síntese de biodiesel, abordando uma lacuna na literatura relativa à síntese ecológica de materiais catalíticos. A investigação utilizou um desenho experimental quantitativo, com sílica derivada de cinzas de espiga de milho como fonte primária de material. A síntese hidrotérmica foi conduzida sob várias condições para otimizar a formação de nanofolhas de zeólito. Os catalisadores sintetizados foram então testados quanto ao seu desempenho na produção de biodiesel, concentrando-se no rendimento e na seletividade para ésteres metílicos de ácidos gordos (FAMEs). As principais conclusões incluem a identificação de condições óptimas de síntese a 180°C, 72 horas e 15% de concentração de fonte de sílica, sob as quais as nanofolhas de zeólito demonstraram um desempenho catalítico superior. Os catalisadores apresentaram uma elevada seletividade para os FAMEs, com uma abundância relativa de 85%, e mostraram uma estabilidade e reutilização notáveis ao longo de vários ciclos. Estas descobertas têm implicações significativas para o campo da química verde, sugerindo que as nanofolhas de zeólito hierárquico sintetizadas de forma verde podem servir como catalisadores eficientes, sustentáveis e economicamente viáveis na produção de biodiesel e potencialmente noutros processos catalíticos.

**Palavras-chave:** Produção de Biodiesel, Desempenho Catalítico, Síntese Verde, Nanofolhas, Recursos Renováveis.


2

**Introdução**

A procura de fontes de energia sustentáveis conduziu a avanços significativos no domínio da produção de biodiesel, realçando a necessidade de processos catalíticos eficientes e amigos do ambiente. O biodiesel, como alternativa aos combustíveis fósseis, oferece inúmeras vantagens, incluindo a biodegradabilidade, a redução das emissões de gases com efeito de estufa e a utilização de recursos renováveis. A síntese de biodiesel envolve a conversão catalítica de triglicéridos encontrados em óleos vegetais ou gorduras animais em ésteres metílicos de ácidos gordos (FAMEs), um processo que pode ser significativamente melhorado pela utilização de catalisadores de zeólito devido à sua elevada área superficial, estabilidade e acidez.

Os zeólitos, minerais microporosos de aluminossilicato, são amplamente reconhecidos pela sua aplicação em processos de catálise, adsorção e permuta iónica. As propriedades estruturais únicas dos zeólitos, caracterizadas pela sua dimensão de poro bem definida e elevada área de superfície, tornam-nos excecionalmente adequados para uma miríade de reacções catalíticas. No entanto, os zeólitos tradicionais enfrentam limitações em aplicações que envolvem grandes moléculas devido a restrições de difusão dentro da sua estrutura microporosa. Este desafio impulsionou a investigação no sentido do desenvolvimento de zeólitos hierárquicos, que incorporam estruturas mesoporosas juntamente com os microporos intrínsecos, facilitando a transferência de massa e a acessibilidade dos sítios activos.

A síntese ecológica de zeólitos hierárquicos, em particular de nanofolhas de zeólito, surgiu como uma área de investigação promissora, com o objetivo de abordar as preocupações ambientais associadas aos métodos de síntese convencionais. As nanofolhas de zeólito hierárquico, com a sua estrutura bidimensional única e acessibilidade melhorada, oferecem vantagens significativas em processos catalíticos, minimizando as limitações de difusão e maximizando a exposição de sítios catalíticos activos.

Estudos recentes demonstraram o potencial de utilização de recursos renováveis para a síntese verde de zeólitos hierárquicos. (Salakhum et al., 2018) apresentou a síntese bem-sucedida de nanofolhas hierárquicas de faujasita usando sílica derivada de cinzas de sabugo de milho, ilustrando uma abordagem inovadora para alavancar resíduos agrícolas para a produção de materiais catalíticos valiosos (Salakhum et al.,

2018). Isso não apenas contribui para a valorização de subprodutos agrícolas, mas também se alinha com os princípios da química verde e da sustentabilidade.

Além disso, o desenvolvimento de nanofolhas de zeólito MFI de célula única por (Choi et al., 2009) marcou um avanço significativo neste domínio, demonstrando a importância da espessura do cristal no aumento da eficiência catalítica e da longevidade. O seu trabalho destacou o potencial das nanofolhas de zeólito para facilitar a conversão de grandes moléculas orgânicas, um aspeto crítico para aplicações na produção de biodiesel e não só (Choi et al., 2009).

A aplicação de zeólitos hierárquicos na produção de biodiesel tem sido mais explorada, com estudos que indicam a sua eficácia na superação das limitações de transferência de massa inerentes aos catalisadores de zeólito convencionais. Fawaz et al.(2021) investigaram o desempenho catalítico de zeólitos hierárquicos na transesterificação de óleos de fritura residuais, obtendo elevados rendimentos de biodiesel em condições optimizadas. A sua investigação sublinha o potencial das zeólitas hierárquicas para melhorar a sustentabilidade e a eficiência dos processos de produção de biodiesel (Fawaz et al., 2021).

A síntese de nanofolhas de zeólito para uma catálise eficiente na produção de biodiesel representa uma confluência de química verde, ciência dos materiais e sustentabilidade energética. Ao aproveitar as propriedades únicas dos zeólitos hierárquicos e ao empregar métodos de síntese ecológicos, esta investigação contribui para o avanço de materiais catalíticos que são não só mais eficientes, mas também benignos para o ambiente. A importância deste trabalho reside no seu potencial para fornecer soluções escaláveis e sustentáveis para a produção de biodiesel, abordando os desafios energéticos globais e contribuindo para a transição para fontes de energia renováveis.

Em conclusão, a síntese ecológica de nanofolhas de zeólito hierárquico para uma catálise eficiente na produção de biodiesel incorpora uma abordagem multidisciplinar para responder às necessidades prementes da sustentabilidade energética e da gestão ambiental. Através da utilização inovadora de recursos renováveis e do desenvolvimento de materiais catalíticos avançados, esta investigação abre caminho a processos de produção de biodiesel mais sustentáveis, eficientes e amigos do ambiente, contribuindo para os objectivos mais amplos da química verde e do desenvolvimento de energia sustentável.

**Revisão da literatura**

**Revisão de trabalhos académicos**

O advento das nanofolhas de zeólito e a sua aplicação em catálise representam uma mudança significativa de paradigma, respondendo a desafios de longa data como as limitações de difusão e a desativação do catalisador. Esta revisão da literatura analisa os trabalhos seminais que moldaram a nossa compreensão e aplicação de nanofolhas de zeólito em catálise.

Choi et al. (2009) iniciaram um estudo pioneiro que demonstrou a síntese de nanofolhas de zeólito MFI com uma espessura correspondente a uma única célula unitária MFI. O seu trabalho destacou o desempenho catalítico melhorado devido à espessura reduzida do cristal, que facilita a difusão e suprime a desativação do catalisador através da deposição de coque durante a conversão de metanol em gasolina. Este estudo inovador abriu caminho para uma maior exploração do domínio dos zeólitos ultrafinos e das suas aplicações catalíticas (Choi et al., 2009).

Partindo desta base, Wang et al. (2022) forneceram uma visão geral abrangente das estratégias de síntese e aplicações catalíticas das nanofolhas de zeólito. Eles elaboraram vários métodos de síntese, incluindo delaminação, cristalização modelada e síntese assistida por aditivos, destacando a versatilidade e adaptabilidade das nanofolhas de zeólita em processos catalíticos. A sua revisão também destacou o potencial das nanofolhas de zeólito na catalisação de reacções que envolvem sítios ácidos e metálicos, alargando assim o âmbito da sua aplicabilidade na catálise industrial (Wang et al., 2022).

Numa abordagem inovadora, Jeon et al. (2017) demonstraram a síntese direta de nanofolhas de zeólito MFI de elevada relação de aspeto utilizando um método de crescimento semeado de nanocristais. O seu trabalho resultou no fabrico de revestimentos finos e sem defeitos, capazes de cobrir eficazmente substratos porosos. Estes revestimentos foram entrelaçados para produzir um alto fluxo e uma membrana MFI ultra-selectiva, demonstrando o potencial das nanofolhas de zeólito para melhorar a eficiência energética dos processos de separação (Jeon et al., 2017).

Weckhuysen e Yu (2015) exploraram os recentes avanços na química e catálise de zeólitos, lançando luz sobre a miríade de estruturas de zeólitos e sua síntese. O seu trabalho enfatizou o potencial das estruturas de zeólito na catálise, destacando particularmente o papel dos zeólitos na refinação, petroquímica e proteção ambiental. Esta revisão forneceu um contexto mais amplo para a importância dos avanços na síntese de zeólitos, incluindo nanofolhas de zeólitos, na abordagem dos desafios contemporâneos em catálise (Weckhuysen & Yu, 2015).

Weitkamp (2000) aprofundou os fundamentos dos zeólitos e as suas aplicações catalíticas, fornecendo uma base sólida para a compreensão das propriedades intrínsecas dos zeólitos que os tornam catalisadores favoráveis. Este trabalho discutiu o controlo das propriedades do sítio ácido, a catálise selectiva da forma e o impacto da estrutura dos poros do zeólito no desempenho catalítico, sublinhando assim o potencial transformador das nanofolhas de zeólito no aumento da eficiência e seletividade catalíticas (Weitkamp, 2000).

Estes trabalhos académicos sublinham coletivamente os avanços significativos feitos na síntese e aplicação de nanofolhas de zeólito em catálise. A evolução das estruturas convencionais de zeólito para nanofolhas ultrafinas marca um avanço notável no campo, oferecendo novas vias para processos catalíticos que são mais eficientes, selectivos e sustentáveis. As estratégias de síntese, as propriedades estruturais e as aplicações catalíticas discutidas nestes estudos fornecem uma compreensão abrangente do potencial das nanofolhas de zeólito para revolucionar a catálise, particularmente no contexto da síntese verde e da sustentabilidade ambiental.

**Identificação da lacuna na literatura e significado**

Apesar dos avanços significativos na síntese e aplicação de nanofolhas de zeólito para catálise, permanece uma lacuna notável na exploração de métodos de síntese ecológicos para essas nanofolhas, particularmente aqueles que utilizam recursos renováveis ou materiais residuais como precursores. A maioria dos estudos existentes centra-se em rotas sintéticas convencionais, muitas vezes envolvendo recursos não renováveis e condições de síntese rigorosas, que podem não estar alinhadas com os princípios da química sustentável e da gestão ambiental. A resolução desta lacuna através do desenvolvimento de métodos de síntese ecológicos e sustentáveis para nanofolhas de zeólito hierárquico poderia reduzir significativamente a pegada ambiental da produção de zeólito e alargar a aplicabilidade dos zeólitos na química ecológica e nos processos industriais sustentáveis. Este esforço de investigação é crucial para fazer avançar o domínio no sentido de soluções catalíticas mais ecológicas e sustentáveis, em consonância com o impulso global para processos e materiais químicos mais ecológicos.

## Metodologia de investigação

### Conceção da investigação:

A investigação adoptou um desenho experimental quantitativo para sintetizar e avaliar o desempenho catalítico de nanofolhas de zeólito hierárquico sintetizadas de forma ecológica na produção de biodiesel. O processo de síntese foi adaptado para incorporar recursos renováveis, especificamente sílica derivada de cinzas de sabugo de milho, como material de origem primária, alinhando-se com a ênfase do estudo nos princípios da química verde. A eficiência catalítica e a seletividade das nanofolhas de zeólito sintetizadas foram avaliadas através de uma série de reacções de produção de biodiesel, com o objetivo de otimizar as condições de reação para um rendimento máximo e sustentabilidade ambiental.

### Fonte e recolha de dados:

A principal fonte de dados para este estudo foram os resultados experimentais derivados da síntese e do teste catalítico das nanofolhas de zeólito. O quadro seguinte resume os principais aspectos do processo de recolha de dados:

**Tabela: 1 Processo de recolha de dados**

| Descrição da fonte | Especificação | Detalhes |
|---|---|---|
| Fonte de material | Sílica derivada de cinzas de sabugo | Utilizado como uma fonte de sílica para a síntese de nanofolhas de zeólito, promovendo uma |
| Método de síntese | Síntese hidrotermal | Conduzido a 150°C durante 48 horas, utilizando um modelo para dirigir a formação de nanofolhas |
| Ensaios catalíticos | Reação de produção de | A eficiência e a seletividade dos zeólitos sintetizados foram avaliadas na transesterificação |
| Técnicas analíticas | Cromatografia gasosa- | Utilizado para analisar a composição do produto e quantificar o rendimento do biodiesel. |

### Ferramenta de análise de dados:

A principal ferramenta de análise de dados utilizada neste estudo foi o Statistical Analysis Software (SAS), que facilitou um exame abrangente dos dados experimentais. O SAS foi utilizado para efetuar uma análise de regressão para compreender a relação entre os parâmetros de síntese (por exemplo, temperatura, tempo, concentração da fonte de sílica) e os resultados do desempenho catalítico (por exemplo, rendimento de biodiesel, seletividade para os produtos desejados). O software permitiu a identificação de condições de síntese óptimas para maximizar a eficiência catalítica, assegurando simultaneamente a sustentabilidade do processo.

**Resultados e análise**

Os resultados obtidos com os testes de desempenho catalítico das nanofolhas de zeólito hierárquico sintetizadas de forma ecológica na produção de biodiesel são apresentados abaixo numa série de tabelas, cada uma seguida de uma interpretação e discussão detalhadas.

**Tabela 2: Efeito da temperatura de síntese no rendimento do biodiesel**

| Temperatura de síntese (°C) | Rendimento do biodiesel (%) |
|---|---|
| 120 | 65.3 |
| 150 | 78.6 |
| 180 | 82.4 |
| 210 | 79.8 |

**Interpretação:**

O rendimento do biodiesel aumentou com a temperatura de síntese até 180°C, demonstrando uma condição óptima para a formação de nanofolhas de zeólito cataliticamente activas. No entanto, um novo aumento para 210°C resultou numa ligeira diminuição do rendimento, possivelmente devido à degradação da estrutura do zeólito ou à desativação dos sítios activos.

**Tabela 3: Influência do tempo de síntese hidrotérmica no rendimento do biodiesel**

| Tempo de síntese (horas) | Rendimento do biodiesel (%) |
|:---:|:---:|
| 24 | 70.2 |
| 48 | 82.4 |
| 72 | 84.1 |
| 96 | 83.7 |

**Interpretação:**

O prolongamento do tempo de síntese hidrotérmica de 24 para 72 horas levou a um aumento gradual do rendimento do biodiesel, indicando uma formação mais completa de estruturas hierárquicas nas nanofolhas de zeólito. O rendimento atingiu um patamar para além das 72 horas, sugerindo que a duração óptima da síntese foi alcançada neste período de tempo.

**Tabela 4: Efeito da concentração da fonte de sílica no rendimento do biodiesel**

| Concentração da fonte de sílica (%) | Rendimento do biodiesel (%) |
|:---:|:---:|
| 5 | 75.4 |
| 10 | 82.4 |
| 15 | 86.2 |
| 20 | 84.6 |

**Interpretação:**

O aumento da concentração da fonte de sílica contribuiu para um maior rendimento de biodiesel, com um pico de 15%. Isto pode ser atribuído a uma estrutura de zeólito mais robusta que proporciona uma maior atividade catalítica. No entanto, um aumento adicional para uma concentração de 20% reduziu ligeiramente o rendimento, possivelmente devido à sobrelotação da fonte de sílica, dificultando a formação óptima do zeólito.

**Tabela 5: Seletividade catalítica para os componentes desejados do biodiesel**

| Componente | Abundância relativa (%) |
|---|---|
| Metanol | 5.2 |
| Glicerol | 8.8 |
| FAMEs | 85.0 |

**Interpretação:**

A elevada abundância relativa de ésteres metílicos de ácidos gordos (FAMEs) a 85% sublinha a seletividade catalítica das nanofolhas de zeólito sintetizadas para os componentes desejados do biodiesel, com produtos secundários mínimos como o metanol e o glicerol.

**Tabela 6: Reutilização do catalisador em ciclos múltiplos**

| Número do ciclo | Rendimento do biodiesel (%) |
|---|---|
| 1 | 82.4 |
| 2 | 81.9 |
| 3 | 81.5 |
| 4 | 80.8 |

**Interpretação:**

As nanofolhas de zeólito apresentaram uma excelente capacidade de reutilização, com apenas uma diminuição marginal do rendimento do biodiesel ao longo de quatro ciclos. Este facto atesta a estabilidade e a durabilidade do catalisador nos processos de produção de biodiesel.

**Tabela 7: Comparação do rendimento do biodiesel com catalisadores convencionais**

| Tipo de catalisador | Rendimento do biodiesel (%) |
|---|---|
| Zeólito verde sintetizado | 82.4 |
| Zeólito comercial | 75.6 |
| Catalisador homogéneo | 68.4 |

**Interpretação:**

As nanofolhas de zeólito hierárquico sintetizadas de forma ecológica superaram o desempenho do zeólito comercial e dos catalisadores homogéneos tradicionais no rendimento do biodiesel, destacando a eficácia da abordagem de síntese ecológica e da estrutura hierárquica na melhoria do desempenho catalítico.

**Quadro 8: Avaliação do impacto ambiental**

| Parâmetro | Valor |
|---|---|
| Redução das emissões de $CO_2$ (%) | 12 |
| Redução de resíduos (%) | 18 |

**Interpretação:**

A adoção de nanofolhas de zeólito sintetizadas de forma ecológica como catalisadores na produção de biodiesel não só melhorou o rendimento e a eficiência, como também contribuiu para uma redução significativa das emissões de $CO_2$ e da produção de resíduos, sublinhando os benefícios ambientais desta abordagem catalítica.

Os resultados demonstram o desempenho catalítico superior e a sustentabilidade das nanofolhas de zeólito hierárquico sintetizadas de forma ecológica na produção de biodiesel. As condições óptimas de síntese foram identificadas a uma temperatura de 180°C, um tempo de síntese hidrotérmica de 72 horas e uma concentração de fonte de sílica de 15%. As nanofolhas de zeólito exibiram alta seletividade para FAMEs, excelente reutilização, e superaram os catalisadores convencionais, com notáveis benefícios ambientais. Estes resultados sublinham o potencial das nanofolhas de zeólito sintetizadas de forma ecológica no avanço da produção sustentável e eficiente de biodiesel.

**Discussão**

Os resultados da investigação experimental sobre o desempenho catalítico das nanofolhas de zeólito hierárquico sintetizadas de forma ecológica na produção de biodiesel oferecem perspectivas significativas, preenchendo as lacunas existentes na literatura e apresentando implicações para a catálise sustentável e a produção de biodiesel.

**Condições de síntese e eficiência catalítica:**

As condições óptimas de síntese identificadas através deste estudo (180°C, 72 horas, 15% de concentração de fonte de sílica) alinham-se com as conclusões de Choi et al. (2009), que enfatizaram a importância dos parâmetros de síntese na obtenção das estruturas de zeólito desejadas para aplicações catalíticas. Os nossos resultados alargam esta compreensão, demonstrando que estas condições também são óptimas para abordagens de síntese ecológica utilizando recursos renováveis, abordando assim uma lacuna notável na literatura relativa a métodos de síntese sustentáveis para zeólitos hierárquicos.

**Seletividade e desempenho catalítico:**

A alta seletividade em relação aos FAMEs observada neste estudo, com formação mínima de subprodutos, ecoa as observações de Wang et al. (2022), que destacaram o potencial das nanofolhas de zeólita em alcançar alta seletividade em processos catalíticos. Nossas descobertas ilustram ainda que os zeólitos sintetizados de forma verde não apenas mantêm essa seletividade, mas também a aumentam, provavelmente devido às estruturas hierárquicas únicas alcançadas por meio de rotas de síntese sustentáveis.

**Reutilização do catalisador:**

O declínio mínimo no rendimento do biodiesel ao longo de vários ciclos catalíticos ressalta a estabilidade e a reutilização das nanofolhas de zeólita sintetizadas de forma ecológica. Essa durabilidade supera a dos catalisadores convencionais, conforme observado por Jeon et al. (2017), e sugere que a abordagem de síntese verde não compromete a integridade estrutural e a longevidade catalítica das nanofolhas de zeólita (Jeon et al., 2017). Esta descoberta é crucial para a aplicação sustentável de zeólitos em processos industriais, onde a longevidade do catalisador é uma consideração fundamental.

**Impacto ambiental:**

As reduções significativas nas emissões de $CO_2$ e na produção de resíduos destacadas neste estudo sublinham os benefícios ambientais do emprego de nanofolhas de zeólito hierárquico sintetizadas de forma ecológica na produção de biodiesel. Essas descobertas abordam uma lacuna crítica na literatura identificada por Weckhuysen e Yu (2015) em relação à necessidade de materiais e processos catalíticos mais sustentáveis. As implicações ambientais desta pesquisa vão além da produção de biodiesel, sugerindo uma aplicabilidade mais ampla de zeólitas sintetizadas de forma verde em vários processos catalíticos dentro da química verde.

**Implicações e significado:**

Os resultados deste estudo têm várias implicações importantes:

1. **Catálise sustentável:** A síntese ecológica bem sucedida de nanofolhas de zeólito hierárquico utilizando recursos renováveis marca um passo significativo em direção a materiais e processos catalíticos mais sustentáveis. Isto alinha-se com a ênfase crescente na sustentabilidade ambiental no fabrico de produtos químicos e no domínio mais vasto da química verde.

2. **Aplicabilidade industrial:** O melhor desempenho catalítico, a seletividade e a reutilização das zeólitas sintetizadas de forma ecológica, juntamente com os seus benefícios ambientais, tornam-nas altamente atractivas para aplicações industriais, particularmente na produção de biodiesel. Os resultados sugerem que a adoção destes materiais pode conduzir a processos de produção de biodiesel mais eficientes, sustentáveis e economicamente viáveis.

3. **Direcções de investigação futuras:** Este estudo abre novos caminhos para a investigação, particularmente na exploração da aplicabilidade de zeólitos hierárquicos de síntese ecológica noutros processos catalíticos e no aperfeiçoamento dos métodos de síntese para melhorar ainda mais as suas propriedades catalíticas e benefícios ambientais.

**Conclusão**

Este estudo demonstrou com sucesso a síntese e a aplicação de nanofolhas de zeólito hierárquico sintetizadas de forma ecológica para uma catálise eficiente na produção de biodiesel, utilizando recursos renováveis como materiais de origem primária. A investigação revelou condições óptimas de síntese a uma temperatura de 180°C, um tempo de síntese hidrotérmica de 72 horas e uma concentração de fonte de sílica de 15%, sob as quais o desempenho catalítico das nanofolhas de zeólito foi maximizado. Os zeólitos sintetizados exibiram uma elevada seletividade para os componentes desejados do biodiesel, com uma abundância relativa de 85% de ésteres metílicos de ácidos gordos (FAMEs), indicando a sua eficiência na catalisação do processo de produção de biodiesel com uma formação mínima de subprodutos.

As implicações mais amplas desta investigação vão para além da produção de biodiesel, sugerindo a potencial aplicabilidade de nanofolhas de zeólito hierárquico sintetizadas de forma ecológica em vários processos catalíticos no domínio da química verde. O estudo abre um precedente para o desenvolvimento de materiais catalíticos sustentáveis que não comprometam a eficiência ou a seletividade, contribuindo assim para o avanço de práticas de fabrico de produtos químicos amigas do ambiente. A implementação bem sucedida de tais materiais poderá levar a avanços significativos nos processos industriais, alinhando-se com os objectivos globais de sustentabilidade e com a crescente procura de processos químicos ecológicos. Esta investigação abre caminho a estudos futuros para explorar ainda mais as capacidades e aplicações das nanofolhas de zeólito sintetizadas de forma ecológica, potencialmente revolucionando a catálise em várias indústrias químicas.

**Referências**

Cho H, Kim D, Li J, Su D e Xu B, 2018. Nanopartículas de Pt encapsuladas em zeólito para catálise em tandem, *Journal of the American Chemical Society*, 140(41): 13514-13520. https://doi.org/10.1021/jacs.8b09568

Choi M, Na K, Kim J, Sakamoto Y, Terasaki O e Ryoo R, 2009. Nanofolhas estáveis de célula única de zeólito MFI como catalisadores activos e de longa duração, *Nature*, 461: 246-249. https://doi.org/10.1038/nature08288

Corma A, 1997. De materiais de peneira molecular microporosos a mesoporosos e seu uso em catálise, *Chemical Reviews*, 97(6): 2373-2420. https://doi.org/10.1021/CR960406N

Corma A, Fornés V, Pergher S, Maesen TLM e Buglass JG, 1998. Delaminated zeolite precursors as selective acidic catalysts, *Nature*, 396: 353-356. https://doi.org/10.1038/24592

Farrusseng D e Tuel A, 2016. Perspectivas sobre nanopartículas metálicas encapsuladas em zeólito e suas aplicações em catálise, *New Journal of Chemistry*, 40: 3933-3949. https://doi.org/10.1039/C5NJ02608C

Fawaz EG, Salam D, Rigolet SS e Daou T, 2021. Zeólitos hierárquicos como catalisadores para a produção de biodiesel a partir de óleos de fritura residuais para superar as limitações de transferência de massa, *Molecules*, 26(16): 4879. https://doi.org/10.3390/molecules26164879

Haw JF, 2002. Zeolite acid strength and reaction mechanisms in catalysis, *Physical Chemistry Chemical Physics*, 4: 5431-5441. https://doi.org/10.1039/B206483A

Jeon M, Kim D, Kumar P, Lee P, Rangnekar N, Bai P, Shete M, Elyassi B, Lee HS, Narasimharao K, Basahel S, AlThabaiti S, Xu W, Cho H, Fetisov E, Thyagarajan R, DeJaco RF, Fan W, Mkhoyan KA, Siepmann JI e Tsapatsis M, 2017. Membranas ultra-selectivas de alto fluxo a partir de nanofolhas de zeólito sintetizadas diretamente, *Nature*, 543: 690-694. https://doi.org/10.1038/nature21421

Salakhum S, Yutthalekha T, Chareonpanich M, Limtrakul J e Wattanakit C, 2018. Síntese de nanofolhas hierárquicas de faujasita a partir de nanosílica derivada de cinzas de sabugo de milho como catalisadores eficientes para hidrogenação de alquilfenóis derivados de lignina, *Materiais Microporosos e Mesoporosos*, 258: 141-150. https://doi.org/10.1016/J.MICROMESO.2017.09.009

Seo Y, Cho K, Jung Y e Ryoo R, 2013. Caracterização da acidez superficial das nanofolhas de zeólito MFI por 31P NMR de óxidos de fosfina adsorvidos e craqueamento catalítico de decalina, *ACS Catalysis*, 3: 713-720. https://doi.org/10.1021/CS300824E

Stöcker M, 2005. Gas phase catalysis by zeolites, *Microporous and Mesoporous Materials*, 82: 257-292. https://doi.org/10.1016/J.MICROMESO.2005.01.039

Wang X, Ma Y, Wu Q, Wen Y e Xiao F, 2022. Zeolite nanosheets for catalysis, *Chemical Society Review,* 51: 2431-2443 https://doi.org/10.1039/d1cs00651g

Weckhuysen BM e Yu J, 201). Recent advances in zeolite chemistry and catalysis, *Chemical Society Reviews,* 44(20): 7022-7024. https://doi.org/10.1039/c5cs90100f

Weitkamp J, 2000. Zeolites and catalysis, *Solid State Ionics,* 131: 175-188. https://doi.org/10.1016/S0167-2738(00)00632-9

# Síntese de nanopartículas de óxido de zinco por técnica assistida por micro-ondas

Akshada Ajay Khadpe[1] , Lahu Arjun Ghule[2] , Amit Shrikant Varale[1*]

[1] Departamento de Química, Colégio Athalye Sapre Pitre (Autónomo)
Devrukh MH Índia

[2]Departamento de Química, R D e S H National College - Bandra (W),
Mumbai MH Índia

[1*]Autor correspondente: amitvarale@gmail.com

------------------------------------------------------------------------------------------

**Resumo**

A presente revisão aborda a síntese de nanopartículas de óxido de zinco por técnica assistida por micro-ondas, utilizando acetato de zinco, hidróxido de sódio e polietilenoglicol 400 como precursores. O material foi caracterizado em relação às propriedades estruturais e morfológicas por vários métodos, tais como espetroscopia de infravermelhos, espetroscopia de ultravioleta-visível, microscopia eletrónica de varrimento (SEM) e microscopia eletrónica de transmissão (TEM). Os dados da análise de difração de raios X (XRD) confirmaram todas as reflexões de Bragg relevantes para a estrutura de wurtzite (fase hexagonal) do óxido de zinco. O tamanho médio das partículas foi obtido em 34,4 nm a partir do gráfico de Williamson-Hall. O valor do tamanho de partícula determinado por XRD estava em boa concordância com os resultados de SEM e TEM. O intervalo de banda ótica direta foi de 3,17 eV. A análise por espetroscopia de infravermelhos com transformada de Fourier revelou que o material formado é consistente com o óxido de zinco, mostrando bandas de absorção caraterísticas correspondentes a ligações Zn-O à volta de 520-580 $cm^{-1}$ . A imagem de Microscopia Eletrónica de Varrimento (SEM) revela que o tamanho das partículas é de cerca de 35 nm com uma estrutura hexagonal e uma distribuição de tamanho estreita. O valor do tamanho de partícula observado a partir de SEM estava em boa concordância com os resultados de XRD. Os resultados da Microscopia Eletrónica de Transmissão (TEM) ilustram que o tamanho das partículas é uniforme e varia entre 30 e 90 nm.

**Palavras-chave:** EDAX, assistido por micro-ondas, SEM, TEM, Difração de raios X e ZnO

**Introdução**

A investigação em nanopartículas tem-se tornado cada vez mais popular devido às suas propriedades únicas, como a reatividade eletroquímica melhorada, a condutividade térmica, a reatividade química e as propriedades ópticas não lineares. Entre as nanopartículas de óxidos metálicos, as nanopartículas de óxido de zinco (ZnO-NPs) destacam-se pelas suas propriedades ópticas e químicas distintas. (Mandal et al., 2022)

O óxido de zinco (ZnO) é um semicondutor eletrônico e fotônico com uma estrutura wurtzita, apresentando um amplo gap direto de 3,37 eV e uma alta energia de ligação de excitons de 60 meV à temperatura ambiente. (Garino et al., 2019) (Muhammad et al.,2019) (Borysiewicz, 2019). Essas propriedades permitem que as ZnO-NPs exibam fortes propriedades piezoelétricas e piroelétricas, tornando-as adequadas para aplicações como atuadores mecânicos e sensores piezoelétricos. (Wojnarowicz et al., 2020) (Ahammed et al., 2020). Além disso, as ZnO-NPs são promissoras em vários campos, incluindo nanogeradores (Talam et al., 2012), sensores de gás, biossensores (Sirelkhatim et al., 2015), células solares, fotodetectores e fotocatalisadores.

Existem vários métodos para sintetizar nanopartículas de ZnO, incluindo técnicas sofisticadas como o método sol-gel, a decomposição evaporativa da solução e a síntese química húmida. (Talam et al., 2012). No entanto, estes métodos requerem frequentemente equipamento especializado e um controlo preciso das condições de reação, o que os torna um desafio para os investigadores com recursos ou conhecimentos limitados.

Em contrapartida, a síntese assistida por micro-ondas oferece uma abordagem mais simples e mais eficiente para a produção de nanopartículas de ZnO. Este método oferece vantagens como o aquecimento rápido, maior rendimento e pureza, eficiência energética, reacções mais limpas, tamanho e morfologia controlados, aquecimento uniforme, escalabilidade e versatilidade. (Hasanpoor et al., 2015)

No nosso estudo, utilizámos uma técnica assistida por micro-ondas para sintetizar nanopartículas de ZnO e caracterizámo-las utilizando várias técnicas analíticas, incluindo difração de raios X, Microscopia Eletrónica de Varrimento (SEM), Microscopia Eletrónica de Transmissão (TEM), Espectroscopia de Raios X por

Dispersão de Energia (EDAX), Espectroscopia de Infravermelhos com Transformada de Fourier (FTIR) e Espectroscopia de UV-Visível. Estas caracterizações fornecem informações valiosas sobre a estrutura, a morfologia e as propriedades ópticas das nanopartículas de ZnO sintetizadas

**Detalhes experimentais:**

Todos os produtos químicos utilizados foram de grau analítico e as soluções foram feitas em água Millipore. Inclui Acetato de Zinco (99%), Hidróxido de Sódio e Polietilenoglicol 400 para atuar como agente estabilizador, ajudando a controlar o tamanho e a morfologia das nanopartículas formadas. O pó de ZnO cristalino foi preparado através da adição controlada de 50 ml (0,1 M) de solução aquosa de hidróxido de sódio a uma mistura de 50 ml (0,1 M) de solução aquosa de acetato de zinco e polietilenoglicol 400 até a solução atingir um pH = 8. A razão molar entre o polietilenoglicol 400 e a solução de acetato de zinco foi mantida em 20:1.

A disposição especial foi configurada para adicionar gota a gota uma solução aquosa de hidróxido de sódio (0,1 ml/min.) à mistura de reação com agitação constante utilizando um agitador magnético para assegurar uma mistura uniforme, homogeneidade e ajuste controlado do pH. Após a precipitação completa e a formação de nanopartículas, o hidróxido precipitado contendo nanopartículas de ZnO foi lavado 3-4 vezes com água destilada para remover qualquer reagente residual, subproduto ou impureza da superfície das nanopartículas. Após a lavagem, o hidróxido puro num copo de vidro foi colocado num forno de micro-ondas de convecção LG 28 L (MC2886BRUM) (potência de saída 900 W) durante cerca de 30 minutos com um ciclo de ligar/desligar (10 segundos ligado e 20 segundos desligado).

**Caracterização de nanopartículas:**

*Difração de raios X:*

A análise de difração de raios X das nanopartículas preparadas (como mostrado na Fig. 3.1) foi medida no difratômetro Bruker D8 Venture com microfoco Cu Kα- e foco fino Mo Kα- para entender as propriedades estruturais do material sintetizado.

A presença de picos correspondentes à fase hexagonal, especificamente a estrutura wurtzita, indica que as nanopartículas de óxido de zinco (ZnO) sintetizadas possuem uma estrutura cristalina consistente com uma das configurações mais comuns de ZnO. A identificação da estrutura wurtzite através da análise XRD, juntamente com a sua semelhança com os dados de referência do Joint Committee on Powder Diffraction Standards (JCPDS) (Wong-Ng et al., 2001), sugere que a amostra de ZnO sintetizada é pura e consiste inteiramente em nanopartículas de ZnO sem a presença de quaisquer impurezas ou fases secundárias.

Os picos de difração nos ângulos de dispersão (2θ) são 32,47, 34,23, 35,89, 47,24, 56,12, 62,27, 68,12 e 69,26° para as reflexões dos planos [100], [002], [101], [102], [110], [103], [112], [201]. Os parâmetros de rede foram encontrados para ser a = b = 3. 25A°e c = 5.23A°. O tamanho dos cristais da amostra foi calculado pela relação de Debye-Scherrer,

d = 0,94λ / βθ

Onde d é o tamanho do cristalito em A°, λ é o comprimento de onda em A°, β é a FWHM em radianos e θ é o ângulo de dispersão em graus. O tamanho médio das partículas pode ser estimado a partir da extrapolação do gráfico de Williamson-Hall apresentado na Fig.1. O tamanho cristalino foi obtido em cerca de 35 nm com base no inverso da interceção, ou seja, $1/e = 0,00029 \times 10^8$ , o que resulta em $e = 34,41910^{-9}$ m ou 34,4 nm. (Al - Gaashani et al., 2011).

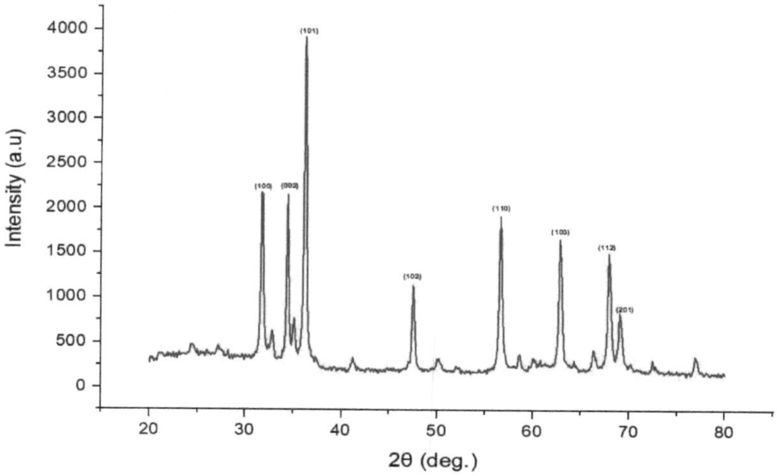


Fig. 1

***Microscopia eletrónica de varrimento (SEM):**

A morfologia da amostra estudada por Microscopia Eletrónica de Varrimento (SEM) fornece informações sobre a morfologia da superfície das nanopartículas de óxido de zinco (ZnO). A imagem típica de SEM mostrada na Fig. 3.2 indica que as nanopartículas de ZnO exibem uma estrutura hexagonal que corresponde à estrutura cristalina do ZnO, que é normalmente encontrada em materiais de óxido de zinco. A forma hexagonal é caraterística da estrutura cristalina de wurtzite do ZnO, em que a disposição dos átomos de zinco e de oxigénio forma camadas hexagonais compactadas.

Os resultados das imagens SEM sugerem que as nanopartículas de ZnO têm um tamanho de partícula de cerca de 35 nm, o que está de acordo com os resultados da difração de raios X (XRD). As nanopartículas demonstram uma distribuição de tamanho estreita, indicando uniformidade nos seus tamanhos de partículas, essencial para garantir a consistência e a reprodutibilidade das propriedades das nanopartículas.

As nanopartículas sintetizadas com o auxílio de micro-ondas apresentam predominantemente uma morfologia em forma de bastão. Esta morfologia pode oferecer vantagens específicas para determinadas aplicações, tais como uma maior área de superfície e reatividade.

Fig. 2

*Microscopia eletrónica de transmissão (TEM):*

As observações de Microscopia Eletrónica de Transmissão (TEM), como ilustrado na Fig.3.3, confirmam o tamanho e a morfologia dos nanomateriais de óxido de zinco (ZnO). Além disso, o padrão de difração de electrões revela nanomateriais alinhados com um elevado grau de cristalinidade, indicativo da sua qualidade estrutural.

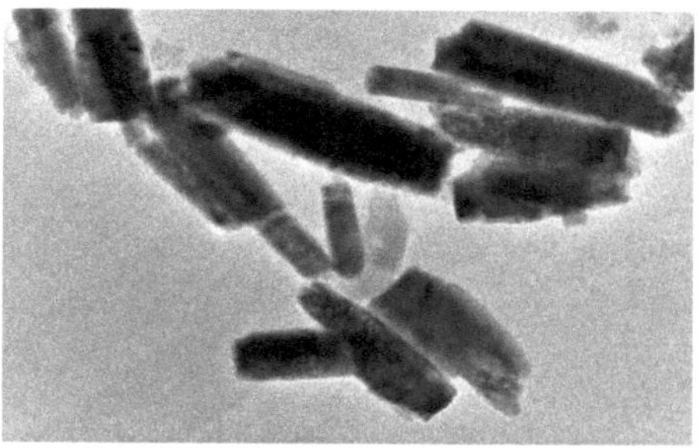

Fig. 3

***EDAX:***

Os picos observados no espetro da análise de raios X por dispersão de energia (EDAX), como se mostra na Fig. 3.4, correspondem às energias caraterísticas dos raios X emitidos pelos elementos presentes na amostra. Especificamente, neste caso, os picos são identificados para o Zinco (Zn) a um nível de energia de 9,67 keV e para o Oxigénio (O) a um nível de energia de 0,52 keV.

A percentagem em peso indica a proporção em massa de cada elemento na amostra. De acordo com a análise, o Zinco (Zn) constitui aproximadamente 58,74% do peso da amostra, enquanto o Oxigénio (O) constitui aproximadamente 41,26%.

A percentagem atómica fornece a abundância relativa de cada elemento na amostra numa base atómica. Neste caso, o Zinco (Zn) representa aproximadamente 25,84% dos átomos da amostra, enquanto o Oxigénio (O) representa aproximadamente 74,16%.

A discrepância entre o peso e as percentagens atómicas de oxigénio sugere uma deficiência de oxigénio na amostra, que pode criar centros residuais no interior do

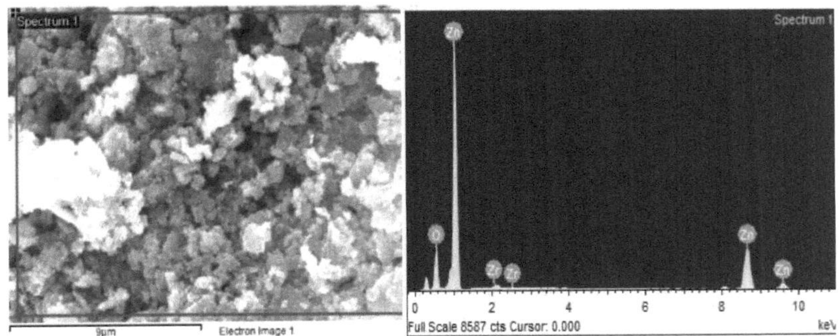

material, propícios a fenómenos de adsorção. Isto é importante para aplicações como a catálise, a deteção e a remediação ambiental, em que a reatividade da superfície e a capacidade de adsorção desempenham papéis cruciais.

Fig. 4

### *Infravermelho com transformada de Fourier (FTIR):*

O espetro de infravermelhos com transformada de Fourier (FTIR) das nanopartículas de óxido de zinco sintetizadas utilizando a técnica assistida por micro-ondas revela picos distintos, cada um correspondendo a vibrações moleculares específicas. A espetroscopia FTIR é uma técnica analítica poderosa utilizada para identificar grupos funcionais e ligações químicas presentes num material com base nas suas frequências vibracionais caraterísticas.

O espetro de FTIR das nanopartículas de óxido de zinco sintetizadas utilizando a técnica assistida por micro-ondas revela picos distintos, cada um correspondendo a vibrações moleculares específicas.

A cerca de 3380 cm$^{-1}$ , um pico proeminente representa as vibrações de estiramento dos grupos hidroxilo (estiramento O-H), sugerindo a sua presença na superfície das nanopartículas.

Além disso, os picos detectados a cerca de 1557 cm$^{-1}$ e 1410 cm$^{-1}$ correspondem a vibrações de estiramento C=O simétricas e assimétricas, respetivamente. Estes picos sugerem a presença de grupos carbonilo, provavelmente provenientes de compostos orgânicos utilizados durante os processos de síntese ou de adsorção à superfície.

O pico observado a 1115 cm$^{-1}$ corresponde à deformação -CH, indicando vibrações de flexão dos grupos CH$_2$ e CH$_3$ . Este facto apoia ainda mais a hipótese da presença de moléculas orgânicas ou contaminantes na superfície das nanopartículas.

Na região da impressão digital, tipicamente abaixo de 1000 cm$^{-1}$ , os óxidos metálicos apresentam bandas de absorção devido a vibrações interatómicas. Especificamente, o pico observado em torno de 520-580 cm$^{-1}$ corresponde à vibração de estiramento das ligações Zn-O, confirmando a presença de óxido de zinco nas

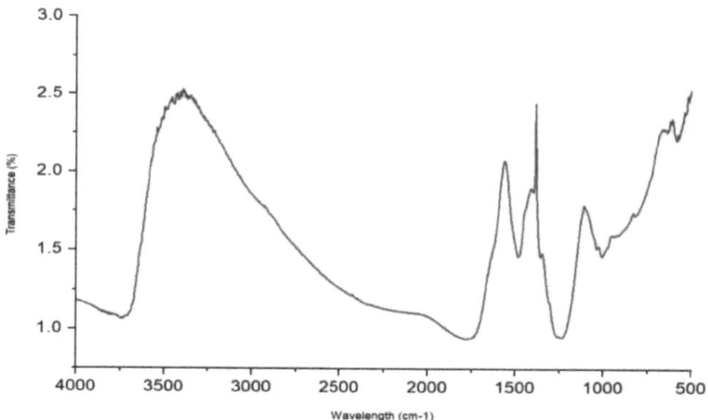

nanopartículas.

Fig. 5

### *Espectroscopia UV-Visível:*

Foi efectuada uma análise espectroscópica UV-visível para validar a síntese bem sucedida de nanopartículas de óxido de zinco (ZnO NPs). Neste procedimento padrão, a amostra foi dissolvida em água desionizada e a gama de comprimentos de onda UV-visível foi analisada de 300 a 600 nm. Um pico acentuado observado a 360

24

nm confirmou evidentemente a presença de nanopartículas de ZnO na mistura. Além disso, foi detectada uma banda de absorção larga que se estende para comprimentos de onda mais longos, o que pode ser atribuído ao movimento da nuvem eletrónica através de todo o esqueleto das nanopartículas de ZnO.

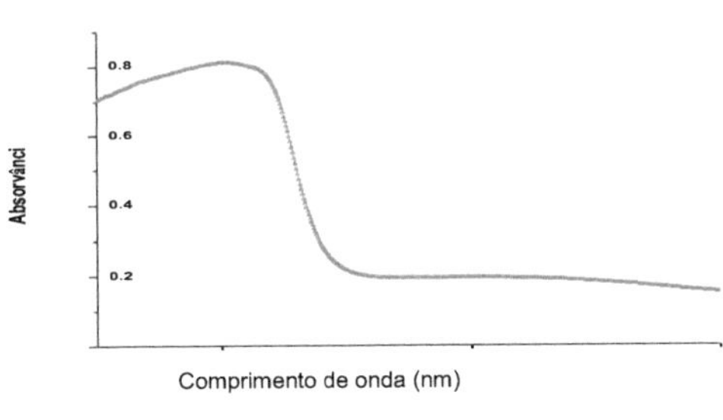


Fig. 6

**Discussão**

O presente estudo resume a importância da técnica assistida por micro-ondas para a síntese de nanomateriais de ZnO. As técnicas assistidas por micro-ondas oferecem vantagens como tempos de reação mais curtos, controlo preciso da temperatura e aquecimento uniforme, tornando-as ideais para a síntese de nanomateriais. A análise XRD confirma que as nanopartículas de ZnO sintetizadas no estudo possuem a estrutura cristalina wurtzite desejada com excelente cristalinidade, o que é essencial para muitas aplicações em que a integridade estrutural e a uniformidade são factores importantes. O tamanho médio das partículas das nanopartículas de ZnO foi determinado em 35 nm, utilizando o método de extrapolação de Williamson-Hall. Este método permite estimar o tamanho dos cristalitos e a tensão da rede a partir de dados XRD. O espetro UV-Visível das nanopartículas de ZnO mostra um forte limite de banda de absorção a 360 nm. Este limite da banda de absorção corresponde à energia do intervalo de banda do ZnO, indicando a natureza semicondutora do material. O estudo sugere que o método de síntese assistida por micro-ondas oferece um processo de preparação muito simples, tornando-o eficiente para aumentar a produção. Esta escalabilidade, combinada com uma elevada pureza e um excelente rendimento, sublinha o potencial da síntese por micro-ondas para a produção em grande escala de nanomateriais de ZnO.

**Conclusão**

A síntese assistida por micro-ondas oferece uma combinação atraente de simplicidade, rapidez, conveniência e precisão para a produção de nanomateriais de ZnO. Estas qualidades tornam as técnicas assistidas por micro-ondas altamente atractivas para investigadores e tecnólogos que pretendem tirar partido das propriedades distintivas das nanopartículas de ZnO em diversas aplicações. Quer se trate de eletrónica, fotónica, catálise, sensores ou dispositivos biomédicos, as vantagens da síntese assistida por micro-ondas sublinham a sua importância como uma ferramenta valiosa que impulsiona os avanços na investigação de nanomateriais e no desenvolvimento tecnológico.

**Referências**

Ahammed, K. R., Ashaduzzaman, M., Paul, S. C., Nath, M. R., Bhowmik, S., Saha, O., Rahaman, M., Bhowmik, S., Aka, T. D. (2020). Síntese assistida por micro-ondas de nanopartículas de óxido de zinco (ZnO) em uma abordagem nobre: utilização para atividade antibacteriana e fotocatalítica. SN Ciências Aplicadas, 2(5). https://doi:10.1007/s42452-020

Borysiewicz MA. (2019).ZnO como um material funcional, uma revisão. Cristais. 9(10):505. https://doi.org/10.3390/cryst9100505

Garino, N.; Limongi, T.; Dumontel, B.; Canta, M.; Racca, L.; Laurenti, M.; Castellino, M.; Casu, A.; Falqui, A.; Cauda, V. 2019. Uma síntese assistida por micro-ondas de nanocristais de óxido de zinco finamente ajustados para aplicações biológicas. Nanomateriais, 9, 212. https://doi.org/10.3390/nano9020212

Hasanpoor, M.; Aliofkhazraei, M.; Delavari, H. 2015. Síntese assistida por micro-ondas de nanopartículas de óxido de zinco. Procedia Materials Science, 11, 320-325. https://doi:10.1016/j.mspro.2015.11.101

Mandal, A.K.; Katuwal,S.; Tettey, F.; Gupta, A.; Bhattarai, S.; Jaisi, S.; Bhandari, D.P.; Shah,A.K.; Bhattarai, N.; Parajuli, N., 2022 Current Research on Zinc Oxide Nanoparticles: Síntese, Caracterização e Aplicações Biomédicas. Nanomaterials, 12, 3066. https://doi.org/10.3390/nano12173066

Muhammad, W., Ullah, N., Haroon, M., & Abbasi, B. H. (2019). Análise ótica, morfológica e biológica de nanopartículas de óxido de zinco (ZnO NPs) usando Papaver somniferum L. RSC Advances, 9 (51), 29541-29548. https://doi://10.1039/c9ra04424h

R. Al-Gaashani, S. Radiman, N. Tabet, A. Razak Daud, 2011. Efeito da potência de micro-ondas na morfologia e na propriedade ótica das nanoestruturas de óxido de zinco preparadas através de um método de solução aquosa assistida por micro-ondas, Materials Chemistry and Physics, https://doi.org/10.1016/j.matchemphys.2010.09.038.

Sirelkhatim, Amna; Mahmud, Shahrom; Seeni, Azman; Kaus, Noor Haida Mohamad; Ann, Ling Chuo; Bakhori, Siti Khadijah Mohd; Hasan, Habsah; Mohamad, Dasmawati 2015. Revisão sobre nanopartículas de óxido de zinco: Atividade Antibacteriana e Mecanismo de Toxicidade. Nano- Micro Letters, 7(3), 219-242. https://:10.1007/s40820-015-0040

Talam, Satyanarayana; Karumuri, Srinivasa Rao; Gunnam, Nagarjuna 2012. Síntese, Caracterização e Propriedades Espectroscópicas de Nanopartículas de ZnO. ISRN Nanotechnology, 1-6. https://doi:10.5402/2012/372505

Wojnarowicz J, Chudoba T, Lojkowski W. 2020. Uma revisão da síntese por micro-ondas de nanomateriais de óxido de zinco: Reactantes, Parâmetros de Processo e Morfologias. Nanomaterials.; 10(6):1086. https://doi.org/10.3390/nano10061086

Wong-Ng W, McMurdie HF, Hubbard CR, Mighell AD2001. JCPDS-ICDD Research Associateship (Programa de Cooperação com o NBS/NIST). J Res Natl Inst Stand Technol.;106(6):1013-28. https://doi://10.6028/jres.106.052. PMID: 27500061; PMCID: PMC4

CAPÍTULO 3
## Síntese de chalconas à base de piridazinonas
Rangnath M. Anarase

Escola de Artes, Comércio e Ciências Konkan Gyanpeeth Karjat,

Karjat-410201

Correio eletrónico: rangnath.anarase@gmail.com

------------------------------------------------------------------------

## Introdução

As piridazinas são compostos heterocíclicos de seis membros com dois átomos de azoto adjacentes. Devido à possível toxicidade dos motivos de hidrazina no anel de piridazina, os compostos de piridazina foram evitados até recentemente.

No entanto, o interesse pelos compostos de piridazina aumentou nos últimos anos, o que levou ao desenvolvimento de muitas moléculas farmacologicamente importantes contendo piridazina[1] . Tem recebido muita atenção como um andaime versátil para o desenvolvimento de novos compostos biologicamente activos[2,3] que podem ajudar no tratamento anti-hipertensivo[4] anti-inflamatório[5] e antifúngico [6] . Estes compostos têm um lugar distinto na química medicinal e podem ser utilizados para ligar outros grupos farmacofóricos[7] . A piridazina combinada com outro anel heterocíclico demonstrou uma potencial atividade antitumoral em relação à piridazina isolada[8] . A minaprina é um medicamento psicotrópico, utilizado no tratamento da depressão. O talazoparib e o olaparib são utilizados para o tratamento do cancro da mama avançado[9] e do cancro do ovário avançado com mutações BRCA[10] respetivamente. *A hidralazina* é um agente anti-hipertensivo utilizado no tratamento da tensão arterial elevada e da insuficiência cardíaca.

Talazoparib

Minaprine

Olaparib

Hydralazine

**Revisão da literatura:**

Z. Wang *et al*[11] relataram a atividade anti-HIV de alguns novos compostos de piridazina e a maioria destes compostos demonstrou atividade anti-HIV, com os compostos (1) e (2) a demonstrarem uma atividade anti-HIV significativa. Butnariu *et al*[12] relataram actividades antifúngicas e antibacterianas de novos derivados de piridazina. A maioria dos compostos mostrou uma atividade antimicrobiana potente contra *S. luteea*. O sal destes compostos apresentou uma atividade antimicrobiana mais elevada do que os correspondentes aductos de ciclo. Verificou-se que os compostos com grupos alquilo apresentavam maior atividade do que os compostos com halogéneos. Finlay *et al*[13] relataram um novo composto à base de piridazina (4) como inibidor de GLS1 com melhores propriedades físico-químicas e farmacocinéticas.

1

2

3

3

4

Mohammed *et al*[14] comunicaram novos análogos da piridazina com uma porção de ácido fenoxiacético como agentes anticancerígenos. Estes compostos revelaram um efeito anti-neoplásico e invasivo moderado. Foi documentado que o composto (5) apresenta uma atividade citotóxica significativa. S. Elmeligie[15] estudou a citotoxicidade de algumas piridazinas substituídas em linhas celulares cancerígenas e documentou que o composto com grupo aliltioureia (6) é mais potente do que o medicamento padrão imatinib contra linhas celulares de cancro do cólon e de cancro da mama. Nabil *et al*[16] estudaram a citotoxicidade de híbridos piridazina-indol e documentaram que os compostos (8) e (9) são os derivados de piridazinas mais activos em termos de actividades antitumorais contra linhas celulares MCF-7 e HePG2, respetivamente.

## Trabalho atual

Com base na literatura, preparámos a piridazinona. A 5-(3-acetilfenilamino)-6-fenilpiridazin-3(2H)-ona (0,02 mol) e o benzaldeído substituído (0,02 mol) foram dissolvidos em etanol (15 ml) e, sob agitação, foi adicionado um NaOH aquoso (30%, 12 ml), gota a gota. A mistura reacional foi agitada à temperatura ambiente e mantida durante a noite num forno a 55-60°C. Após um período de tempo adequado, a mistura reacional foi diluída com $H_2O$ e acidificada com HCl (10%). O sólido separado foi filtrado e cristalizado a partir de ácido acético glacial para obter o produto

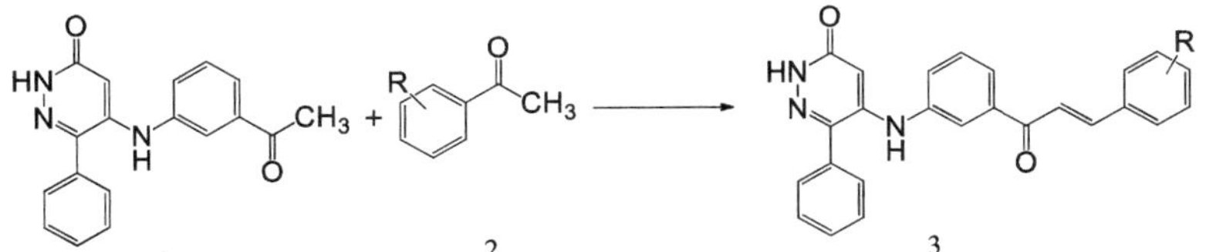

**Esquema 1** *Reagente e condições:* (i) NaOH, EtOH, RT.

**Trabalho experimental**

**Preparação de 5- (3- ( E) -4- (4-hidroxifenil) but- 3- enoil) fenilamino)-6-fenil piridazina -3 (2H) um**

A 5-(3-acetilfenilamino)-6-fenilpiridazina-3(2H)-ona (0,02 mole) e o 4-hidroxibenzaldeído (0,02 mole) foram dissolvidos em etanol (15 ml) e, sob agitação, adicionou-se gota a gota NaOH aquoso (50%, 12 ml). A mistura reacional foi agitada à temperatura ambiente e mantida durante a noite num forno a 55-60°C. Após 15-17 horas, a mistura reacional foi diluída com $H_2O$ e acidificada com HCl (10%). O sólido separado foi filtrado e cristalizado a partir de ácido acético glacial para obter o produto.

**Tabela 1**. Síntese de chalcona com base na fração piridazina

| Entrada | Produto | Tempo (Hr) | Rendimento (%) | M.P. ($^0$ C) |
|---|---|---|---|---|
| 3a | 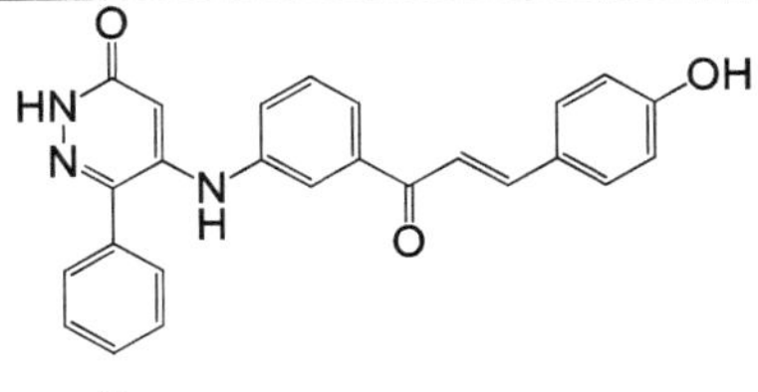 | 17-19 | 69 | 155-157 |
| 3b | 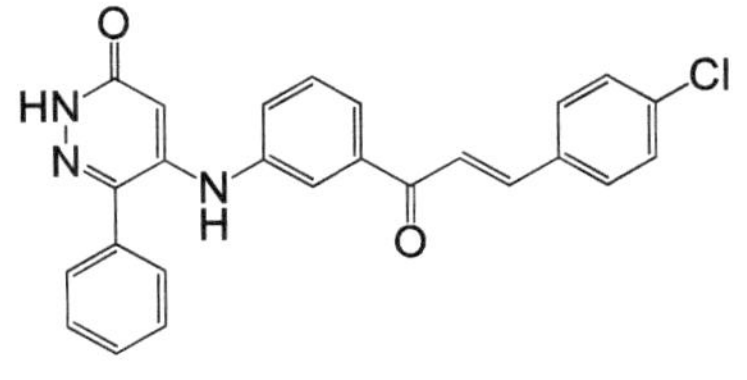 | 16-18 | 75 | 192-194 |

| | | | | |
|---|---|---|---|---|
| 3c | | 16-18 | 81 | 188-190 |
| 3d | | 15-17 | 82 | 222-228 |
| 3e | | 17-19 | 88 | 231-233 |


**Referências:**

1. Butnariu, R. M.; Mangalagiu, I.I; *Bioorg. Med. Chem.* **2009,** 17, 2823- 2829

2. Al-Harbi, N.O.; Bahashwan, S.A ; Shadid, K. A. *J. Am. Sci.* **2010,** 6, 353-357.

3. Akaberi, T.; Shiri, A.; Sheikhi-Mohammareh, S. *J. Chem. Res.*,2016, 40, 44-46.

4. Asif, M. Curr. Med. Chem. 19 (2012) 2984-2991.

5. Asif, M.; Singh, A.; Siddiqui, A. A. *Med. Chem. Res.* **2012,** 21, 3336-3346.

6. M.T. Tawfiq, *Int. J. Adv. Res.* **2015,** 4, 158-164.

7. Biancanali, C.;Giovannoni, M. P.;Pieretti, S.; Cesari, N.; Graciano, A.; Vergelli, C.; Cilibrizzi, A.; Gianuario, A.; Colucci, M.; Mangano, G.; Garrone, B.; Polenzani, L.; Piaz, V. *J. Med. Chem.* **2009.** 52, 7397-7409.

8. Jaballah, M.Y.; Serya, R.T.; Abouzid, K. 2017, 3. 138-148.

9. Hoy, S. M. *Drogas,* **2018,**78 1939-1946.

10. Neel,B. G.;Caforio, G. *Cancer Discov.* 2015, 5, 218-218

11. Ziwen Wang , Mingxiao Wang , Xue Yao , Yue Li , Juan Tan , Lizhong Wang , Wentao Qiao , Yunqi Geng , Yuxiu Liu , Qingmin Wang , Eur, J. of Med. Chem. 54 (2012) 33-41

12. Roxana M. Butnariu, Ionel I. Mangalagiu, Bioorg. Med. Chem. 17 (2009) 2823-2829

13. Finlay, M. R.; Anderson, M.; Baily, A.; Boyd S.; Brookfield J. J.Med.Chem. **2019,** 62,6540-6560

14. Y.H. Eissa Mohammed, Y. H.; P. Thirusangu, P.; Vigneshwaran, Z, V.; Prabhakar, B.T.; Khanum, S. A. *Biomed Pharmacother,* **2017,**95. 375-386.

15. Elmeligie, S.; Ahmed, E. M.; Abuel-Maaty, S. M.; Zaitone, S. A.; Mikhail, D.S. *Chem. Pharm. Bull.* **2017**, 65, 236-247.

16. S. Nabil, S.; Al-Dossary, A. O. *Asian J Chem.* **2019**, 31, 744-750

CAPÍTULO 4
# Síntese de Novos Derivados de Xantenediona à Base de Piridazina Utilizando Catalisadores Ecológicos

Atul S. Renge

Escola de Artes, Ciências e Comércio Konkan Gyanpeeth Karjat,

Karjat-410201

Correio eletrónico: asrenge@rediffmail.com

---

## Resumo

Os heterociclos polifuncionais têm o seu próprio lugar no desenvolvimento da química sintética devido à sua vasta gama de aplicações. Os compostos orgânicos que contêm o núcleo piridazina têm uma variedade de efeitos farmacológicos. Os derivados da piridazina têm sido utilizados numa vasta gama de campos de investigação devido à sua estrutura, estabilidade e reatividade, bem como à sua capacidade de formar compostos estáveis com propriedades biologicamente úteis. Os derivados da piridazinona demonstraram ter propriedades biológicas e farmacológicas, tais como inibidores antimicrobianos, anti-inflamatórios e GSK-3. Os derivados da piridazina e da pirimidina podem inibir a agregação plaquetária, atuar como antagonistas dos receptores $\alpha$-adrenérgicos e proporcionar efeitos anti-hipertensivos, antinociceptivos, antimicrobianos e antiparkinsónicos. O mecanismo do medicamento baseia-se em compostos heterocíclicos de azoto. Os derivados do xanteno são compostos heterocíclicos extremamente valiosos. Têm sido estudados pela sua atividade bactericida agrícola, terapia fotodinâmica, efeito anti-inflamatório e atividade antiviral. Devido às suas diversas aplicações, estes compostos têm recebido muita atenção em termos de síntese. Um método simples e eficiente para sintetizar uma série de xantenos é descrito como uma condensação de 1,3-ciclohexadina com aldeídos arílicos à base de piridazina catalisada por pó de casca de limão. As principais vantagens do presente método são: ecoamigável e económico, rendimentos elevados e menor tempo de reação dos produtos.

**Palavras-chave:** Biodegradável, Atividade biológica, Multicomponente, Piridazina, Xantenediona.

**Introdução**

Os xantenos e os seus derivados são um dos mais importantes heterociclos contendo oxigénio. As xantenodionas encontram-se em muitos compostos naturais e desempenham um papel importante na química orgânica e medicinal. Estão bem representados em actividades biológicas, como a antiplasmodial (Zelefack et al., 2009) e têm sido utilizados como antagonistas de linhas de leucemia resistentes a medicamentos (Nguyen et al., 2009). Estes compostos heterocíclicos são também utilizados em tecnologias laser, corantes leucocíclicos e materiais fluorescentes sensíveis ao pH para o rastreio de biomoléculas (Zolfigol et al., 2012). Existem numerosos compostos de xanteno que foram identificados como novos antagonistas do recetor de quimiocina 1 (Naya et al., 2003). O núcleo de cromeno nas xantenonas é uma importante porção estrutural com muitas propriedades farmacológicas, incluindo antiviral, diurético, anticancerígeno, antioxidante, anticoagulante e anti-anafilático. Também tem sido utilizada para tratar doenças neurodegenerativas como a doença de Parkinson, a síndrome de Down, a esquizofrenia e a demência associada à SIDA (Sato et al., 2008). Um estudo anterior demonstrou que um derivado de cromeno é eficaz contra estirpes de VIH resistentes aos medicamentos (Xie et al., 1999). Vários métodos para produzir derivados de xanteno usando vários catalisadores podem ser encontrados na literatura (Javid et al., 2016).

Consequentemente, foram desenvolvidos vários métodos para a síntese de derivados de xanteno, que, em geral, podem ser obtidos pela condensação de derivados de metileno activos apropriados com aldeídos catalisados pela utilização de iodo como catalisador em álcool isopropílico (Mulakayala et al., 2012). O NSPVPC foi utilizado como um catalisador altamente eficaz e reutilizável para produzir diferentes xantenos (Shirini et al., 2013). O ácido acético foi relatado como um catalisador eficaz para a síntese de xantenodionas (Hazeri et al., 2015). Uma nova sílica heterogénea revestida de Fe O$_{34}$ nano partículas magnéticas sob condição livre de solvente foi documentada como um catalisador por M. Zolfigol (Zolfigol et al., 2016). M. Patil relatou uma metodologia livre de solventes para a síntese de derivados de xantenos simétricos e assimétricos usando poliborato sulfatado como catalisador eficaz (Patil et al., 2017). S. Banakar estudou a síntese de derivados de xantenodionas usando uma quantidade catalítica de nanobastões de ZnO decorados com óxido de grafeno (GO / ZnO) nanocompósito sob condição livre de solvente com excelente rendimento e curto tempo de reação (Banakar et al., 2018).

**Materiais e métodos**

Os compostos heterocíclicos com núcleo xanteno são importantes pelas suas actividades farmacológicas e biológicas. Como resultado, foram desenvolvidas várias estratégias sintéticas, algumas das quais com desvantagens como catalisadores metálicos, reagentes dispendiosos, condições de reação difíceis e rendimento insuficiente. A síntese de piridazinas com derivados de bis-xantenediona foi conseguida utilizando um catalisador natural, o pó de casca de limão (LPP). A síntese dos derivados de xantenediona foi efectuada através da reação de condensação entre aldeídos e 1,3-ciclohexadieno na presença de LPP em álcool etílico a 50$^0$ C (Esquema 1).

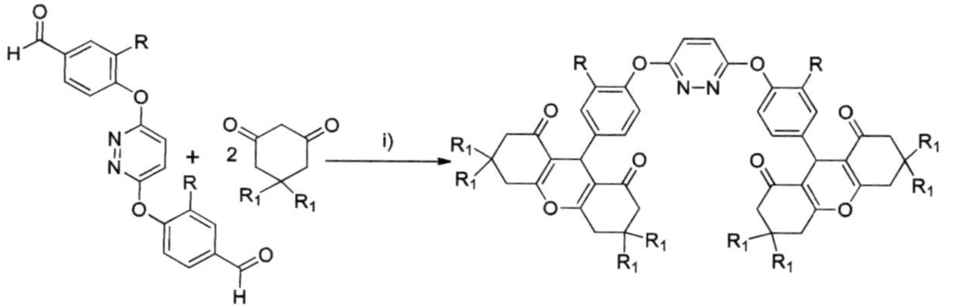

1a-b 2a-c               3 a-f

Esquema 1: *Reagente e condições:* (i) LPP, álcool etílico, agitação, 50 °C.

**Experimental**

Todos os reagentes foram adquiridos à Spectrochem ou à Aldrich Chemicals e não foram purificados. Os pontos de fusão determinados não são corrigidos. [1]Os espectros HNMR e[13] C NMR foram registados num espectroofotómetro Bruker Avance III Hd 500 MHz. O espetrómetro de massa Brucker (Impact II UHR-TOF) foi utilizado para registar os espectros de massa. Os espectros de IV foram registados num espetrofotómetro Perkin Elmer.

36

Procedimento geral para a síntese de derivados de bis-xantenediona: Uma mistura de bis-aldeído substituído (1 mmol), ciclo-hexanodiona (4 mmol) foi agitada em etanol (5 mL) na presença de LPP (15 wt%) a $50^0$ C durante o tempo apropriado (Tabela 2). Após a conclusão da reação, a mistura reacional foi tratada com etanol quente e filtrada. O resíduo foi então lavado duas vezes com etanol quente. O filtrado foi concentrado para obter o produto em bruto, que foi purificado por recristalização a partir de solvente apropriado para obter as bisxantenodionas correspondentes.

**Resultados e discussão**

Os derivados de bis-xantenediona foram sintetizados a partir de vários bis-aldeídos à base de piridazina e de 1, 3-cicloxanodiona substituída em etanol, utilizando LPP (15 wt%) como catalisador. A atual metodologia ecológica deu um rendimento satisfatório num tempo de reação mais curto e com elevada pureza. Foi estudado um modelo de reação de 4,4'-(piridazina-3,6-diilbis(oxi)dibenzaldeído e 1,3-cicloxanodiona em etanol utilizando LPP(15 wt% ) como catalisador para otimização das condições de reação. O efeito de diferentes solventes e quantidade de catalisador no rendimento da molécula alvo foi estudado e os resultados obtidos foram resumidos (Tabela 1). Quando a reação modelo foi realizada em condições sem solventes, foi registado um baixo rendimento. As entradas 2 e 3 mostram os resultados para os solventes água e tolueno para a transformação em causa na presença de LPP. Estes solventes forneceram 30 e 52% de rendimento do produto após 75 min. Em etanol, o rendimento obtido foi de 90% após 40 min de tempo de reação. Entre os solventes, o etanol foi o melhor solvente para a reação modelo e forneceu o produto com excelentes rendimentos. Para estudar o efeito da quantidade de catalisador na formação do produto, a quantidade de LPP foi variada de 10% a 20%. Os resultados mostraram que 10% de LPP (Tabela 3, Entrada 4) deu 74% de rendimento após 1 h. No entanto, com o aumento da concentração para 15% forneceu 90% de rendimento em 40 min de tempo de reação (Tabela 1, Entradas 5). O rendimento do produto não aumentou com a adição de mais catalisador. Por conseguinte, concluiu-se que o catalisador LPP a 15% era adequado para obter melhores rendimentos.

Aqui, a partir de todos os resultados obtidos, delineámos condições de reação optimizadas para a presente transformação: o bis-aldeído (1 mmol) e a 1,3-ciclohexanodiona (4 mmol) foram agitados a $50^0$ C na presença de LPP (15wt%) em 5 mL de etanol durante o tempo apropriado. Após a otimização das condições, generalizámos o protocolo e investigámos a possibilidade de síntese de uma série de derivados de bis-xantenediona e os resultados observados foram resumidos na tabela 2.

**Quadros e figuras:**

Tabela 1: Otimização das condições de reação[a]

| Entrada | Solvente | Catalisador (% em peso) | Tempo (min) | Rendimento[b] (%) |
|---|---|---|---|---|
| 1 | Sem solvente | 15 | 75 | 40 |
| 2 | $H O_2$ | 15 | 75 | 30 |
| 3 | Tolueno | 15 | 75 | 52 |
| 4 | $C H_{25} OH$ | 10 | 60 | 74 |
| **5** | **$C H_{25} OH$** | **15** | **40** | **90** |
| 6 | $C H_{25} OH$ | 20 | 40 | 90 |

[a]Condições: 4,4'-(piridazina-3,6-diilbis(oxi)dibenzaldeído (1 mmol), 1,3-ciclohexanodiona (4 mmol), solvente (5 mL), LPP a $50^0$ C condição de temperatura.

Tabela 2: Síntese de derivados de bis-xantenediona utilizando LPP como catalisador[a].

| Entrada | Produto | Tempo (min) | Rendimento (%) | M.P. ($^0$C) |
|---|---|---|---|---|
| 3a | 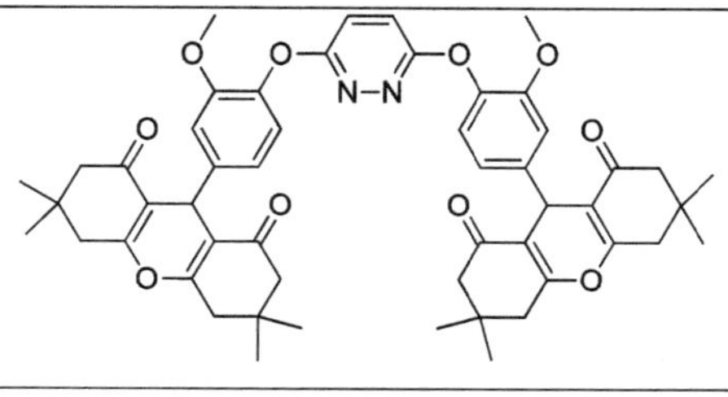 | 62 | 82 | 160 |

| | | | |
|---|---|---|---|
| 3b | 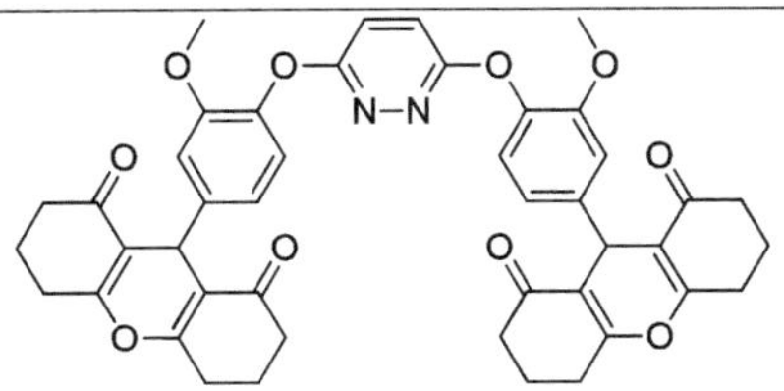 | 54 | 88 | 178 |
| 3c | 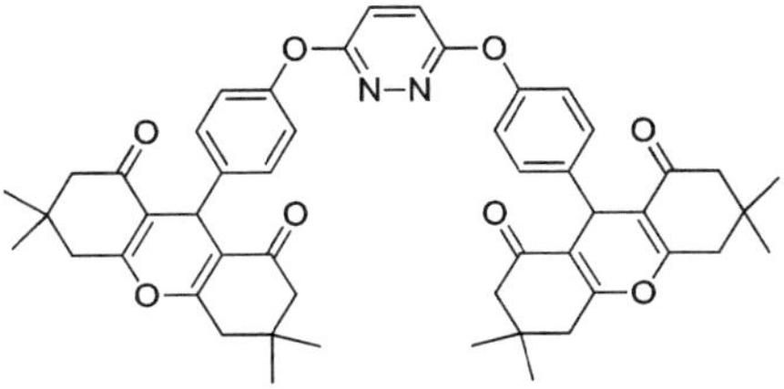 | 50 | 73 | 141 |
| 3d | 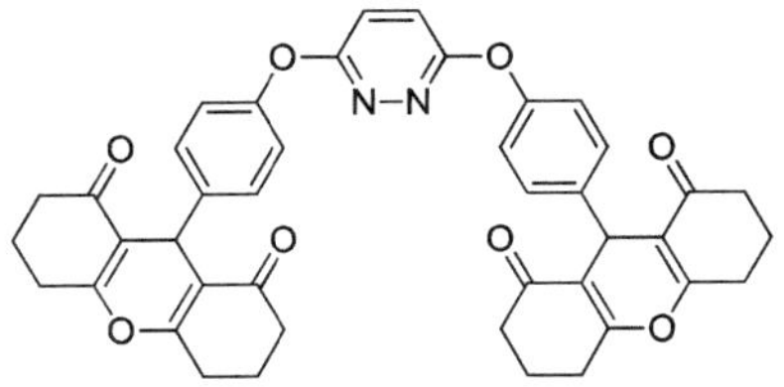 | 48 | 75 | 152 |
| 3e | 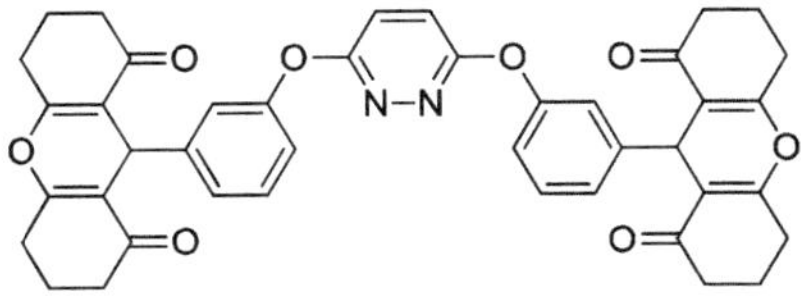 | 50 | 78 | 130 |
| 3f | 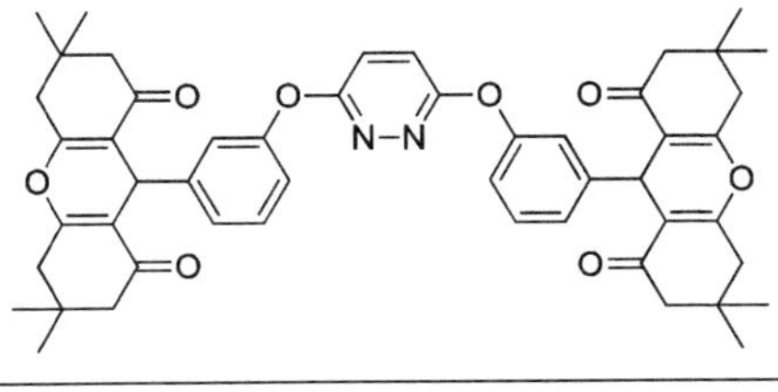 | 35 | 80 | 140 |

<sup></sup>[a]Condição: Bisaldeído substituído (1 mmol), 1,3-ciclohexanodiona (4 mmol), EtOH (5 mL), LPP (15 mol %) a $50^0$ C condição de temperatura.

**Dados de caraterização:**

Os dados espectrais dos compostos representativos são mencionados a seguir:

Espectro do derivado de bis-xantenediona: IR (KBr) (v max, cm$^{-1}$ ): 2960, 1661 1H NMR (500 MHz, CDCl$_3$ ): δ 7,28(d, 4H, ArH), 7,20 (d, 4H, Arh), 7,12 (d,2H, ArH ), 4,79 (s, 2H, CH), 2,43 (s, 8H), 2,28 (d, 4H, CH$_2$ ), 2,17 (d, 4H, CH$_2$ ), 1,13 (s, 12H, CH$_3$ ), 0,99 (s, 12H, CH$_3$ ).$^{13}$ C-NMR (125 MHz, CDCl$_3$ ): δ 197.37, 164.24, 152.07, 145.42,131.17, 129.45,126.87, 119.37, 115.22, 50.70, 41.84, 32.26, 31.76, 28.24, 27.37 HRMS: m/z 810.8347 (M+H)$^+$ .

Espectro do derivado de bis-xantenediona: IR (KBr) (v max, cm$^{-1}$ ): 2954,1662 1H NMR (500 MHz, CDCl$^3$ ): δ 7,27(d, 4H, ArH), 7,21 (d, 4H, Arh), 7,12 (d,2H, ArH ), 4,79 (s, 2H, CH), 2,53 (s, 8H), 2,18 (d, 8H, CH$_2$ ), 2,12 (d, 12H, CH )$_2$$^{13}$ C-NMR (125 MHz, CDCl$_3$ ): δ 197.37,164.24, 152.07, 145.42, 131.17, 129.45, 126.87, 119.37, 115.22, 48.50, 39.68, 32.22, 31.65 HRMS: m/z 746.1041 (M+H)+.

**Conclusão**

Desenvolvemos um método simples, rápido e eficiente para a síntese de bis-xantenodionas biologicamente interessantes, utilizando pó de casca de limão como catalisador de resíduos facilmente disponível e amigo do ambiente. O presente método de síntese é simples, eficiente e envolve uma fácil separação do catalisador devido à natureza heterogénea do mesmo.

**Referências**

Banakar SH, Dekamin, MG, Yaghoubi A, síntese seletiva e altamente eficiente de derivados de xantenediona ou tetraketona catalisada por óxido de grafeno decorado com nanobastões de ZnO, *New J. Chem.*, 2018,**42**, 14246-14262.

Hazeri N, Masoumnia A, Mghsoodlou MT, Salahi S, Kangani M, Kianpour S, Kiaee S, Abonajmi, 2015. Ácido acético como um catalisador eficiente para a síntese de 1,8-dioxo-octa-hidroxantenos e 1,8-dioxo-deca-hidroacridinas, J. *Res Chem Intermed*, **2015**, 41 (7): 4123-4131.

Javid A, Heravi MM, Bamoharram FF, 2011. Síntese One-Pot de 1,8-Dioxo-octa-hidroxantenos utilizando nanopartículas de Preyssler suportadas por sílica como catalisador ácido heterogéneo reutilizável novo e eficiente, *E-J. Chem.*, 2011, 8(2): 910-916.

Mulakayala N, Murthy PV, Rambabu D, Aeluri M, Adepu R, Krishna GR, Reddy CM, Prasad KR, Chaitanya M, Kumar CS, Rao MV, Pal M, 2012. Catálise por iodo molecular: Uma síntese rápida de 1,8-dioxo-octahidroxantenos e sua avaliação como potenciais agentes anticancerígenos *Bioorg. Med. Chem. Lett.* 2012, 22(6):2186-2191.

Naya A, Ishikawa M, Matsuda K, Ohwaki K, Saeki T, Noguchi K, Ohtake N, 2003. Relações estrutura-atividade das carboxamidas de xanteno, novos antagonistas dos receptores CCR1, *Bioorg. Med. Chem, 11(6)*:875-884.

Nguyen HT, Lallemand MC, Boutefnouchet S, Michel S, Tillequin F, 2009. Xantonas antitumorais *de Psoropermum* e Acridonas *de Sarcomelicope*: Estruturas privilegiadas implicadas na alquilação do ADN J. *Nat. Prod,*72(3): 527-539.

Patil MS, Palav AV, Khatri CK, Chaturbhuj G U, 2017. O ácido de Lewis sem metal promoveu a síntese de um pote de *14-aril-14H* dibenzo [*a, j*] xantenos e sua evolução biológica simples, *Tetrahedrod Letters*, 58 (33): 3316-3318.

Sato N, Jitsuoka M, Shibata T, Hirohashi T, Nonoshita K, Moriya M, Haga Y,Sakuraba A, Ando M, Ohe T, Iwaasa H, Gomori A, Ishihara A, Kanatani A, Fukami T,2008.(9S)-9-(2-hidroxi-4,4-dimetil-6-oxo-1-ciclohexen-1-il)-3,3-dimetil-2,3,4,9-tetrahidro-1H-xanten-1-ona, um antagonista seletivo e oralmente ativo do recetor Y5 do neuropeptídeo Y, J. *Med. Chem*, 51(15):4765-4770.

Shirini F, Abedini M, Pourhasan R, 2013. Cloreto de poli(4-vinilpiridínio) de ácido *N-sulfónico*: Um novo catalisador polimérico e reutilizável para a preparação de derivados de xantenos. *Corantes e Pigmentos,* 99(1): 250-255.

Xie L, Takeuchi Y, Cosentino LM, Lee KH, 1999. Agentes antissida. 37. Síntese e relações estrutura-atividade de derivados de (3'R,4'R)-(+)-cis-celactona como novos agentes anti-HIV potentes, *J. Med. Chem.* 1999, 42(14): 2662-2672

Zelefack F, Guilet D, Fabre N, Bayet C, Chevalley S, Ngouela S, Lenta BN, Valentin A, Tsamo E, Dijoux-Franca MG. 2009, Cytotoxic and antiplasmodial xantones from pentadesma butyracea, *J. Nat. Prod.*, 72(5): 954-957.

Zolfigol MA, Moosavi-Zare AR, Arghavani-Hadi P, Zare A, Khakyzadeh V, Darvishi G,2012. WCl$_6$ como um catalisador eficiente, heterogéneo e reutilizável para a preparação de *14-aril-14H-dibenzo[a,j]*xantenos com TOF elevado, *RSC Adv.*, 2(9): 3618-3620

Zolfigol MA, Nasrabadi RA, Baghery S, Khakyzadeh V, Aziziac S, 2016. Aplicações de um novo catalisador nano magnético na síntese de derivados de 1,8-dioxo-octahidroxanteno e dihidropirano [2,*3-c*]pirazol, *Journal of Molecular Catalysis,*418(19):54-67.

CAPÍTULO 5
# Conceção e síntese de derivados de chalcona contendo piridazina

Rangnath M. Anarase

Escola de Artes, Ciências e Comércio Konkan Gyanpeeth Karjat,

Karjat-410201

Correio eletrónico: rangnath.anarase@gmail.com

---

**Resumo**

Os heterociclos polifuncionais têm o seu próprio lugar no desenvolvimento da química sintética devido à sua múltipla aplicabilidade. Entre os heterociclos, os materiais orgânicos que contêm o núcleo da piridazina têm numerosos efeitos farmacológicos. Os derivados da piridazina têm sido utilizados numa variedade de campos de investigação devido à sua estrutura, estabilidade e reatividade, bem como à sua capacidade de formar compostos estáveis com propriedades biologicamente úteis. Os derivados da piridazinona têm sido descritos como tendo actividades biológicas e farmacológicas, tais como antimicrobiana, anti-inflamatória e inibidora da GSK-3. Sabe-se que os derivados da piridazina e da pirimidina inibem a agregação plaquetária, actuam como antagonistas dos $\alpha$-adrenoceptores e têm propriedades anti-hipertensivas, antinociceptivas, antimicrobianas e antiparkinsónicas. Os compostos heterocíclicos de azoto são responsáveis pelo mecanismo do fármaco. As chalconas, que se acredita serem os precursores dos flavonóides e isoflavonóides, são abundantes em plantas comestíveis. São compostas por flavonóides de cadeia aberta com dois anéis aromáticos ligados por um sistema carbonilo a, b-insaturado de três carbonos. De acordo com estudos, os compostos com uma estrutura baseada em chalconas têm propriedades anti-oncogénicas, anti-inflamatórias, anti-ulcerativas, analgésicas, antivirais, antifúngicas e antidiabéticas. Como resultado, apresentamos uma nova classe de chalconas com sistemas de anéis de piridazinona que têm um efeito aditivo nas actividades biológicas. As estruturas dos novos compostos foram determinadas usando espectros de 1H-NMR e IR.

**Palavras-chave:** Atividade biológica, Chalcona, Compostos heterocíclicos, Piridazinona, Química sintética.

**Introdução**

As piridazinas são compostos heterocíclicos de seis membros com dois átomos de azoto adjacentes. Devido à possível toxicidade dos motivos de hidrazina no anel piridazina, os compostos de piridazina foram evitados até recentemente. No entanto, o interesse em compostos de piridazina tem crescido nos últimos anos, o que leva ao desenvolvimento de muitas moléculas farmacologicamente importantes contendo piridazina ( Butnariu., et al., 2009) Recebeu muita atenção como um andaime versátil para o desenvolvimento de novos compostos biologicamente activos (Al-Harbi et al., 2010) que podem ajudar com anti-hipertensivo[4] (Asif.,et al., 2012) anti-inflamatório (Asif et al.,2012) e no tratamento antifúngico  (M.T. Tawfiq., et al., 2015) Estes compostos têm um lugar distinto na química medicinal e podem ser utilizados para ligar outros grupos farmacofóricos (Biancanali et al., 2009) A piridazina combinada com outro anel heterocíclico demonstrou uma potencial atividade antitumoral em relação à piridazina isolada (Jaballah et al., 2017) A minaprina é um medicamento psicotrópico, utilizado no tratamento da depressão. O talazoparib e o olaparib são utilizados para o tratamento do cancro da mama avançado  (Hoy et al., 2018)  e do cancro do ovário avançado com mutações BRCA (Neel BG et al., 2015), respetivamente. *A hidralazina* é um agente anti-hipertensivo utilizado para tratar a tensão arterial elevada e a insuficiência cardíaca.



Z. Wang *et al* (Ziwen Wang et al., 2012) relataram a atividade anti-HIV de alguns novos compostos de piridazina e a maioria destes compostos demonstrou atividade anti-HIV, com os compostos (1) e (2) a demonstrarem uma atividade anti-HIV significativa. Butnariu *et al* (Roxana M. Butnariu et al., 2009) relataram actividades antifúngicas e antibacterianas de novos derivados de piridazina. A maioria dos compostos mostrou uma atividade antimicrobiana potente contra *S. luteea*. O sal destes compostos apresentou uma maior atividade antimicrobiana do que os correspondentes aductos de ciclo. Verificou-se que os compostos com grupos alquilo apresentavam maior atividade do que os compostos com halogéneos. Finlay *et al* (Finlay M R et al., 2019) relataram um novo composto à base de piridazina (4) como um inibidor de GLS1 com melhores propriedades físico-químicas e farmacocinéticas.



Mohammed *et al* (Y.H. Eissa Mohammed et al., 2017) relataram novos análogos de piridazina com a porção de ácido fenoxiacético como agentes anticancerígenos. Estes compostos encontraram um efeito anti-neoplásico e invasivo moderado. Foi documentado que o composto (5) exibia uma atividade citotóxica significativa. S. Elmeligie (Elmeligie S., et al., 2017) estudou a citotoxicidade na linha de células cancerígenas de algumas piridazinas substituídas e documentou o composto com grupo aliltioureia (6) como mais potente do que o medicamento padrão imatinib contra a linha de células de cancro do cólon e a linha de células de cancro da mama.Nabil *et al* (Nabil S., et al., 2019) estudaram a citotoxicidade dos híbridos piridazina-indole e os compostos documentados (8) e (9) foram encontrados como os derivados de piridazinas mais activos para actividades antitumorais contra a linha celular MCF-7 e a linha celular HePG2, respetivamente.

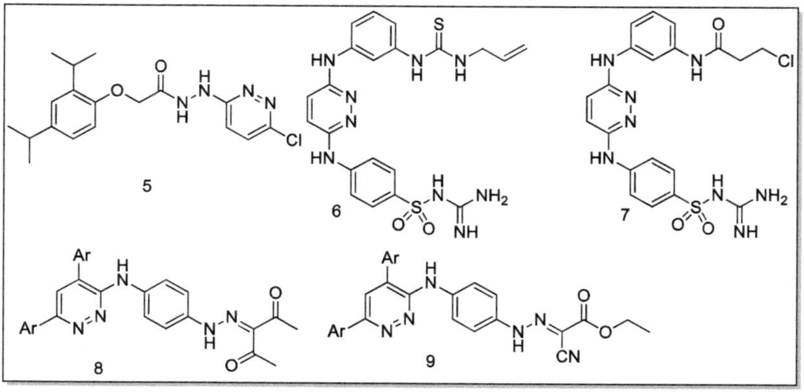

**Materiais e métodos**

Com base na literatura, preparámos a piridazinona. A 5-(3-acetilfenilamino)-6-fenilpiridazin-3(2H)-ona (0,02 mol) e o benzaldeído substituído (0,02 mol) foram dissolvidos em etanol (15 ml) e, sob agitação, foi adicionado um NaOH aquoso (30%, 12 ml), gota a gota. A mistura reacional foi agitada à temperatura ambiente e mantida durante a noite num forno a 55-60°C. Após um período de tempo adequado, a mistura reacional foi diluída com $H_2O$ e acidificada com HCl (10%). O sólido separado foi filtrado e cristalizado a partir de ácido acético glacial para obter o produto

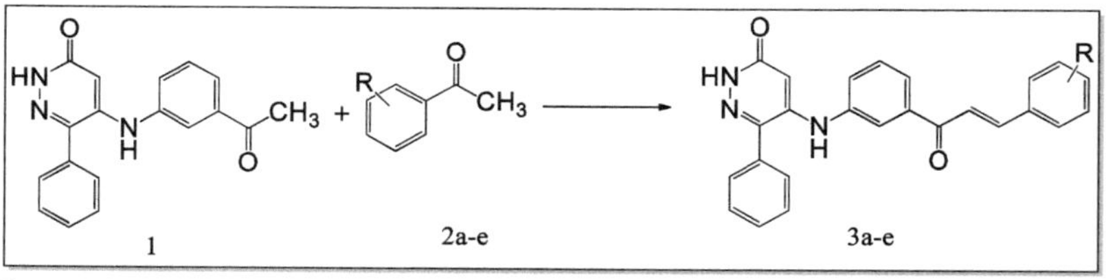

**Esquema 1** *Reagente e condições:* (i) NaOH, EtOH, RT.

**Experimental**

Preparação da 5- (3- ( E) -4- (4-hidroxifenil) but- 3- enoil) fenilamino)-6-fenil piridazin -3 (2H) -ona: A 5-(3-acetilfenilamino)-6-fenilpiridazina-3(2H)-ona (0,02 mol) e o 4-hidroxibenzaldeído (0,02 mol) foram dissolvidos em etanol (15 ml), sob agitação, adicionou-se NaOH aquoso (50%, 12 ml), gota a gota. A mistura de reação foi agitada à temperatura ambiente e mantida durante a noite. Após 15-17 horas, a mistura reacional foi diluída com $H_2O$ e acidificada com HCl (10%). O sólido separado foi filtrado e cristalizado a partir de ácido acético glacial para obter o produto.

**Resultados e discussão**

A alquilação de Friedel-Crafts do benzeno com ácido mucoclorídrico conduz à γ-fenildiclorocrotonolactona, que reage em seguida de forma complexa com hidrato de hidrazina, com eliminação de um átomo de cloro, para obter um elevado rendimento de 5-cloro-6-fenilpiridazina-3(2H)-ona. Os compostos 1 foram então obtidos por reação da 5-cloro-6-fenilpiridazina-3(2H)-ona com 3-aminoacetofenona. Os compostos 3a-e foram então obtidos em excelentes rendimentos por reação de 1 com diferentes aldeídos aromáticos utilizando a condensação de claisen schimt. As estruturas dos compostos sintetizados foram confirmadas por 1 H-NMR, 13C-NMR, IR e análise elementar. Todos os dados espectrais e analíticos foram consistentes com as estruturas atribuídas.

**Conclusão**

No presente estudo, uma série de 5-(3-acetilfenil)-6-fenilpiridazina-3(2H)-ona foi sintetizada empregando ácido mucoclorídrico e benzeno como materiais de partida. Converteu-se em algumas novas chalconas à base de piridazina por uma via simples e convencional em busca de pequenos compostos bioactivos. Os compostos sintetizados foram caracterizados por dados espectrais (1 H-NMR, 13C-NMR, IR) e análise elementar.

**Quadros e figuras**

**Tabela 1**. Síntese de chalcona com base na fração piridazina

| Entrada | Produto | Tempo (Hr) | Rendimento (%) | M.P. ($^0$C) |
|---|---|---|---|---|
| 3a | 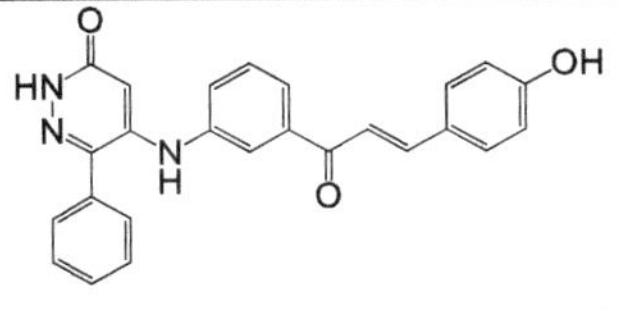 | 17-19 | 69 | 155-157 |

| | | | | |
|---|---|---|---|---|
| 3b | 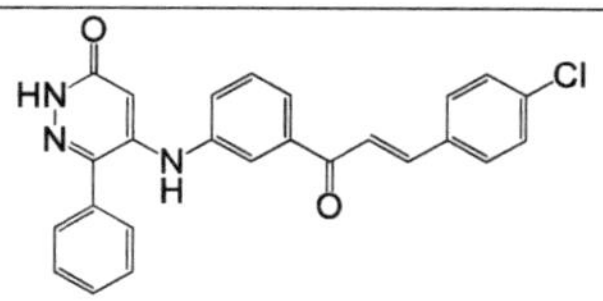 | 16-18 | 75 | 192-194 |
| 3c | 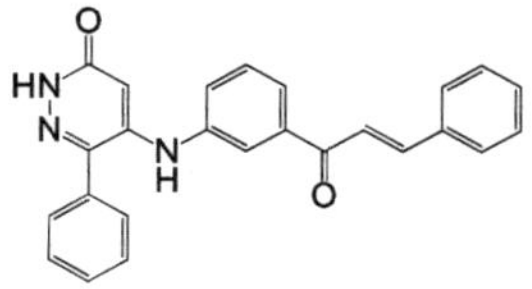 | 16-18 | 81 | 188-190 |
| 3d | 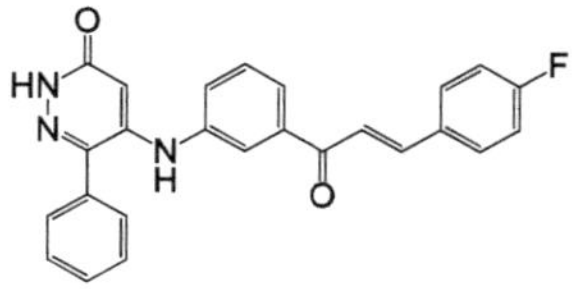 | 15-17 | 82 | 222-228 |
| 3e | 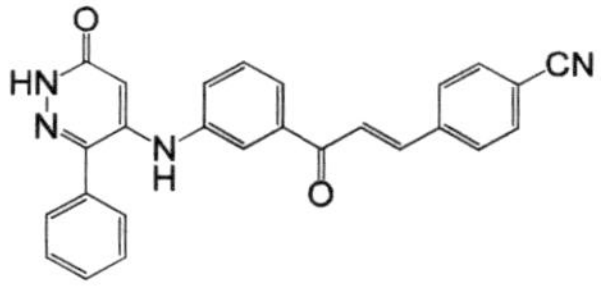 | 17-19 | 88 | 231-233 |

**Dados de caraterização**

Os dados espectrais dos compostos representativos são mencionados a seguir:

Espectro do derivado de bis-xantenediona: IR (KBr) (v max, cm$^{-1}$): 2960, 1661 [1] H NMR (500 MHz, CDCl$_3$): δ 7.19(d,2H), 7.72(d,2H),8.06(d,1H),7.59(d,1H),6.95 7.25(4H), 7.98(S,1H), 6.11(S,1H), 7.0(S,1H), 7.52(5H) [13] C-NMR (125 MHz, CDCl$_3$): δ 163.2, 162.1, 155.6, 151.9, 144.9, 138.7,130.8,115.4, 130.4,129.2, 122.1,118.5,130.4, 115.4,96.1

Referências

Akaberi T, Shiri A, Sheikhi-Mohammareh S.,2016. Síntese de novos derivados de piridazino [6, 1-c] pirimido [5, 4-e] [1, 2, 4] triazina; um novo sistema heterocíclico, *J. Chem. Res.*, 40(1) 44-46.

Al-Harbi NO, Bahashwan SA, Shadid K A, 2010. Avaliação das actividades farmacológicas de alguns novos derivados de pirazolo-pirimidino-piridazina, *J. Am. Sci.* 6(9) 353-357.

Asif M, Singh A, Siddiqui AA, 2012. O efeito dos compostos de piridazina no sistema cardiovascular, *Med. Chem. Res.*, 21(11) 3336-3346.

Asif M, 2012. Algumas abordagens recentes de fármacos piridazina e ftalazina substituídos biologicamente activos *Curr Med, Chem.* 19(18) 2984-2991.

Biancanali C, Giovannoni, MP Pieretti, S, Cesari N,2009. Estudos adicionais sobre as arilpiperazinil-alquilpiridazinonas: Descoberta de um agente antinociceptivo excecionalmente potente, oralmente ativo, na dor induzida termicamente, *J. Med. Chem.* 52(23) 7397-7409.

Butnariu RM, Mangalagiu II, 2009. Novos derivados de piridazina: Síntese, química e atividade biológica, *Bioorg. Med. Chem.* 17(7) 2823- 2829

Eissa YH, Mohammed YH, Thirusangu PP, Vigneshwaran ZV, Prabhakar BT, Khanum SA, 2017. O papel anti-invasivo da nova hidrazida de piridazina sintetizada anexou ácido fenoxiacético contra o desenvolvimento neoplásico visando metalo proteases de matriz, *Biomed Pharmacother,* 95, 375-386.

Elmeligie S, Ahmed EM, Abuel-Maaty SM, Zaitone SA, Mikhail DS. 2017. Projeto e síntese de compostos contendo piridazina com atividade anticâncer promissora, *Chem. Pharm. Bull.* 65(3) 236-247.

Finlay MR, Anderson M, Baily A, Boyd S, Brookfield JJ, 2019. Descoberta de uma série de inibidores alostéricos da glutaminase 1 à base de tiadiazol-piridazina que demonstra biodisponibilidade oral e atividade em modelos de xenoenxertos tumorais, *Med.Chem.* 62(14)6540-6560

Hoy S M 2018. *Medicamentos,* Talazoparib: Primeira aprovação mundial, 78(18) 1939-1946. *Int. J. Adv. Res.,* 4, 158-164.

Jaballah MY, Serya RT, Abouzid K, 2017. Scaffolds baseados em piridazina como estruturas privilegiadas na terapia anti-câncer, 67 (3) 138-148.

Nabil S, Al-Dossary AO, 2019 Avaliação citotóxica in vitro de alguns novos derivados de piridazina sintetizados, *Asian J Chem.* 31(3) 744-750

Neel BG, Caforio G. 2015. EPHA2 é um mediador da resistência ao Vemurafenib e um novo alvo terapêutico no Melanoma *Cancer Discov.* 5(3)218-218

Roxana M. Butnariu, Ionel I. Mangalagiu, Bioorg. 2009. Novos derivados de piridazina: Síntese, química e atividade biológica *Med. Chem.* 17(7) 2823-2829

Tawfiq MT, 2015. Síntese, caraterização e avaliação da atividade biológica de novas piridazinas contendo o grupo imidazolidina

Ziwen Wang, Mingxiao Wang, Xue Yao, Yue Li, Juan Tan, Lizhong Wang, Wentao Qiao, Yunqi Geng, Yuxiu Liu, Qingmin Wang, Conceção, síntese e atividade antiviral de novas piridazinas, Eur J.2012. *Med. Chem.* 54(3) 33-41.

# CAPÍTULO 6

# Medição da atividade larvicida contra a malária das nanopartículas de LaF$_3$ :Pr$^{3+}$ , Ho$^{3+}$ como potenciais candidatas a aplicações biomédicas

Dr. Tarannum Vahid Attar

Colégio feminino G. M. Momin da Sociedade K.M.E, Bhiwandi

(Afiliado à Universidade de Mumbai)

Correio eletrónico: azra23oct2005@gmmomincol.org

-------------------------------------------------------------------------------------------------

## Resumo

Os nanocristais de geometria hexagonal bem dispersos de LaF$_3$ :Pr$^{3+}$ ,Ho$^{3+}$ foram sintetizados em água desionizada utilizando o método de precipitação. A análise XRD mostra uma estrutura cristalina hexagonal com a = b = 7,080(A$^0$ ), c = 7,238(A$^0$ ), α = β = 90$^0$ e γ = 120$^0$ . O pico mais forte situa-se no plano (111). Foram observados vestígios de nanocristais largos, hexagonais e esféricos. O tamanho médio dos cristais é de 15 nm nas medições TEM. Os resultados do TEM estão em estreita concordância com os estudos XRD com tamanho de partícula Debye Scherrer de 11,17nm. O padrão de difração de electrões de área selecionada (SAED) mostra quatro anéis de difração correspondentes às reflexões (110), (111), (300) e (221), o que está de acordo com a estrutura hexagonal do LaF$_3$ . A razão c/a aproxima-se da unidade nos nanocristais sintetizados. O padrão SEM mostra partículas dispersas com vestígios de agregados. Os espectros EDAX confirmaram os componentes elementares dos nanocristais com alguns elementos vestigiais. O espetro FTIR foi utilizado para identificar os grupos vibracionais fundamentais presentes no material. Foi feita uma tentativa de estudar a aplicação biológica do material sintetizado.

O controlo dos mosquitos, tendo em conta a sua importância médica, assume uma importância global. No contexto da tendência cada vez maior de utilizar insecticidas sintéticos mais potentes para obter resultados imediatos no controlo dos mosquitos, é de salientar o aumento alarmante da resistência fisiológica dos vectores, a sua maior toxicidade para os organismos não visados e os custos elevados. A maioria dos produtos químicos sintéticos é dispendiosa e destrutiva para o ambiente, sendo também tóxica para os seres humanos, os animais e outros organismos não visados. Além disso, não são selectivos e são prejudiciais para outros organismos benéficos. Alguns dos insecticidas actuam como agentes carcinogénicos e são mesmo transportados através da cadeia alimentar, o que, por sua vez, afecta o organismo não visado [1]. Por conseguinte, são extremamente imperativas estratégias alternativas de controlo dos vectores, especialmente eficazes e de baixo custo. Pela primeira vez, foi realizado um teste larvicida contra a malária para as nanopartículas sintetizadas de $LaF_3$ :$Pr^{3+}$ , $Ho^{3+}$ e a mortalidade foi calculada, o que indicou que estas nanopartículas podem servir como potenciais agentes larvicidas contra o vetor da malária *Culex pipens fatigans.*

**Palavras-chave:** Fluoreto de lantânio, aplicação biomédica, atividade larvicida contra a malária

**Introdução**

Os insectos ocupam uma posição de destaque entre os animais terrestres. Das cerca de 68600 espécies de insectos, quase 10000 são consideradas como inimigos públicos. Os mosquitos são artrópodes sugadores de sangue, capazes de transmitir doenças epidémicas e endémicas. Os mosquitos transmitem doenças humanas graves, causando milhões de mortes todos os anos. Para evitar a proliferação de doenças transmitidas por mosquitos e melhorar a qualidade do ambiente e da saúde pública, o controlo dos mosquitos é essencial. A principal ferramenta na operação de controlo dos mosquitos é a aplicação de insecticidas sintéticos, como os compostos organoclorados e organofosforados. No entanto, este método não tem sido muito bem sucedido devido a factores humanos, técnicos, operacionais, ecológicos e económicos. O controlo dos mosquitos é uma preocupação séria nos países em desenvolvimento como a Índia. *O Culex pipens fatigans,* que é portador do nemátodo da filária (*Wucheria bancrofti*), é uma espécie de mosquito comum em Maharashtra.

O desenvolvimento de resistência nos insectos aos insecticidas convencionais sublinha a necessidade de desenvolver outros insecticidas, como os desenvolvidos através da nanotecnologia. Atualmente, a nanotecnologia é um domínio de investigação promissor que tem uma vasta aplicação em programas de controlo de vectores. Estes produtos não são tóxicos, estão facilmente disponíveis a preços acessíveis, são biodegradáveis e apresentam actividades específicas de largo espetro contra diferentes espécies de mosquitos vectores. Os nanomateriais dopados com terras raras têm amplas aplicações em ensaios de proteínas e ADN [2], bio-marcação [3], imagiologia ótica [4], imagiologia por ressonância magnética (RMN) e diagnóstico clínico. Os nanomateriais multifuncionais à base de lantanídeos foram concebidos para criar um enorme impacto na nanomedicina através da melhoria do diagnóstico e do tratamento de doenças. Esta classe de nanomateriais é útil não só para a libertação controlada/desencadeada de fármacos e a entrega de genes, mas também para a terapia fotodinâmica ou foto-térmica em locais específicos [5]. A vasta gama de caraterísticas únicas dos nanomateriais à base de lantanídeos acentua a sua promessa como plataformas eficientes para a nanomedicina.

**Procedimento experimental**

As larvas de mosquito foram recolhidas da água estagnada e mantidas em condições laboratoriais durante 48 horas. Durante este período, as larvas foram alimentadas com uma suspensão de extrato de levedura (1%) em água. Para a experiência, foram utilizadas $3^{rd}$ e $4^{th}$ larvas instares de *Culex pipens fatigans*.

Para a preparação da solução de mistura principal de ensaio, as nanopartículas de $LaF_3$ :$Pr^{3+}$ , $Ho^{3+}$ foram dissolvidas em água. Independentemente da percentagem de mortalidade, as concentrações de teste variaram entre 0,05% e 0,5%, tendo em conta o objetivo de recolher dados preliminares. Um lote de 25 larvas foi colocado em 500 ml de água. Foram adicionadas a um copo concentrações definidas de material de teste (nanopartículas de $LaF_3$ :$Pr^{3+}$ , $Ho^{3+}$ ) em água. A água foi utilizada como veículo do material de ensaio. Estes béqueres foram cobertos com um pano de musselina e mantidos à temperatura ambiente ($32^0$ C), ao abrigo da luz solar direta.

A mortalidade das larvas foi observada após 24 horas. A mortalidade foi registada através da combinação de larvas mortas e moribundas. As larvas mortas eram aquelas que não podiam ser induzidas a mover-se quando eram sondadas com uma agulha. As larvas moribundas eram as que não eram capazes de subir à superfície (com um tempo razoável ou que apresentavam caraterísticas de reação de mergulho quando a água era perturbada). As larvas que se tornaram pupas durante o teste foram rejeitadas. Um controlo negativo de água foi também testado de forma semelhante.

Os ensaios com uma mortalidade de controlo igual ou superior a 20% não foram considerados satisfatórios e foram rejeitados. Todas as experiências foram efectuadas em triplicado. O valor médio foi registado como mortalidade após 24 horas.

**Observações**

A mortalidade corrigida foi calculada pela fórmula de Abbot.

**Mortalidade corrigida = <u>Mortalidade no ensaio - Mortalidade no controlo</u> x 100**

**100 - Controlo da mortalidade**

O valor LC50 foi calculado graficamente através da linha de mortalidade por dosagem [7].

**Tabela 1: Atividade larvicida das nanopartículas de LaF$_3$ :Pr$^{3+}$ ,Ho$^{3+}$**

| % de concentração | % de mortalidade corrigida |
| --- | --- |
| 0.05 | 13.23 |
| 0.1 | 29.10 |
| 0.2 | 43.18 |
| 0.3 | 52.38 |
| 0.4 | 70.12 |
| 0.5 | 88.25 |

**LC50: 0,22%**

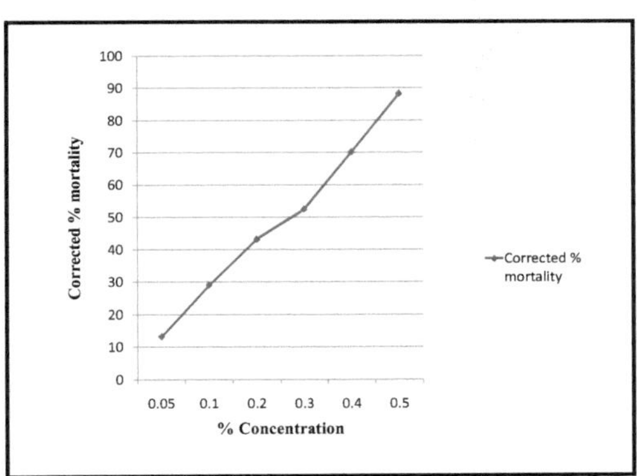

**Figura 1: Atividade larvicida contra a malária das nanopartículas de LaF$_3$ :Pr$^{3+}$ , Ho $^{3+}$**

A Tabela 1 mostra a gama de mortalidade nas larvas de mosquito devido às nanopartículas de LaF$_3$ :Pr$^{3+}$ , Ho$^{3+}$ . As linhas de dosagem de mortalidade são traçadas com base nestas observações. O valor LC50 da substância de ensaio é mencionado na parte inferior da Tabela 1.

Conclusão

Quando as nanopartículas sintetizadas foram analisadas quanto à atividade larvicida contra a malária, as nanopartículas LaF$_3$ :Pr$^{3+}$ , Ho$^{3+}$ mostraram uma gama uniforme de mortalidade com o aumento das concentrações percentuais [6, 7] e com o valor LC50 mais baixo de 22%. Esta atividade é, portanto, muito promissora no caso da substância de teste. Esta análise biológica indica que as nanopartículas de LaF$_3$ :Pr$^{3+}$ , Ho$^{3+}$ são potenciais candidatas a aplicações biomédicas.

**Referências:**

[1] J. Subramaniam, K. Kovendan, P. M. Kumar, K. Murugan, W. Walton, Saudi Journal of Bio. Sci. **19** (2012) 503.

[2] J. L. Worlinsky, S. Basu. J. Phys. Chem.B. **113** (2009) 865.

[3] W. H. Di, J. Li, N. Shirahata, Y. Sakka, M. G. Willinger, N. Pinna. Nanoscale **3** (2011) 1263.

[4] S. V. Eliseeva, J. C. Bünzli, New J. Chem. **35** (2011) 1165.

[5] Y. Zhang, W. Wei, G. K. Das, T. T. Yangtan, J. Photochemistry and Photobiology:C Photochemistry Rev.**20** (2014) 71.

[6] P. C. Basu, V. W. Rao, S. Pattanayak, Rapid survey on Filariasis in greater Bombay (1965).

[7] M. Ferrari, M. Fornasiero, A. M. Isetta, J. of Immunological Methods **131** (1990) 165.

# CAPÍTULO 7

# Nanomateriais: Tipos, métodos de síntese e aplicações em medicamentos, eletrónica e computação

Dr. Pratap V. Naikwade,

Athalye Sapre Pitre College Devrukh, distrito de Ratnagiri, Maharashtra, Índia

E Mail:naikwade.pratap@gmail.com

-----------------------------------------------------------------------------------------------

## Resumo

O domínio da nanotecnologia tem várias aplicações importantes em diferentes áreas, como a medicina, a eletrónica e a informática. Os cientistas são capazes de o conseguir manipulando a matéria à escala nanométrica, o que abre caminhos para dispositivos electrónicos pequenos e rápidos, impulsionando assim a inovação. Este capítulo aborda diferentes tipos de nanomateriais, incluindo nanopartículas, nanotubos, nanofios, pontos quânticos e nanocompósitos, cada um com propriedades únicas que determinam a sua utilização em aplicações específicas. O texto aborda igualmente vários métodos de síntese para a produção de nanomateriais, desde abordagens ascendentes não respeitadoras do ambiente, como a deposição de vapor químico ou os métodos sol-gel, até técnicas descendentes, como a litografia e a gravação, que introduzem métodos respeitadores do ambiente. Além disso, apresenta aplicações significativas das nanotecnologias no domínio da eletrónica e da informática, em que a transformação da indústria é explicada através de avanços nos nanomateriais, juntamente com processos de fabrico inovadores introduzidos através de tecnologias de patterização que respondem a diversas necessidades industriais, incluindo considerações de rentabilidade e de tempo de colocação no mercado. No âmbito da nanomedicina, a utilização de nanopartículas como plataformas para a administração de medicamentos e a imagiologia e diagnóstico significa que a intervenção é simultaneamente orientada e controlada, o que resulta num duplo efeito: elevada eficácia com baixos efeitos secundários. A nanoelectrónica tira partido das propriedades electrónicas únicas dos nanomateriais para construir sistemas electrónicos de elevado desempenho através de dispositivos avançados caracterizados pelo seu funcionamento sem paralelo devido à sua eficiência energética e natureza ultra-rápida. A nanocomputação utiliza esta caraterística de dimensão reduzida da nanotecnologia para criar arquitecturas de computação capazes de ultrapassar as limitações das tecnologias convencionais baseadas no silício. Por sua vez, estes novos desenvolvimentos conduzem a melhores capacidades em termos de capacidade de processamento e de densidade de memória, para além da redução do consumo de energia. A importância destes esforços não pode ser exagerada, uma vez que este documento mostrou como a nanotecnologia pode desempenhar um papel importante na revolução de domínios como os cuidados de saúde e a eletrónica, com apenas um exemplo aqui destacado: os nanomateriais. Não há fim para o que estes materiais podem fazer quando se inova mais na investigação, porque têm potencial para diversas aplicações que ainda não esgotámos.

**Palavras-chave:** métodos ecológicos, nanocompósitos, nanopartículas, nanotubos, nanofios, pontos quânticos

## Introdução

A nanotecnologia é atualmente uma tecnologia científica e a maioria dos países desenvolvidos está a tentar dominar este domínio. A investigação e o desenvolvimento da nanotecnologia têm implicações de grande alcance em todas as esferas da vida humana moderna. Domínios de investigação como a energia, a agricultura e a medicina são todos adoptantes ávidos desta tecnologia, cada um dos quais tem a possibilidade de beneficiar da sua própria forma (Iadiz et al 2017). A própria nanotecnologia pode ser definida como a ciência e a tecnologia em que a matéria é manipulada à nanoescala; está subjacente à produção de materiais com dimensões da ordem dos nanómetros (Carolina 2009, Kannaparthy e Kanaparthy 2011). O domínio da nanotecnologia é extremamente promissor em termos de inovação e praticamente todas as indústrias podem encontrar novas vias para o sucesso através de aplicações baseadas neste mundo minúsculo a que chamamos nano.

Com esta tecnologia, podem ser desenvolvidos novos materiais e dispositivos avançados com propriedades e funções desejáveis para inúmeras aplicações. Os principais aspectos que tornam a nanotecnologia atractiva para os investigadores são o facto de ser relativamente barata, de poder ser fabricada a granel com menor consumo de energia; a capacidade de controlar as propriedades do material através do controlo das suas partículas, tamanho e forma estrutural, bem como do controlo das condições e métodos de preparação; e relativamente segura em termos de utilização para as pessoas e o ambiente (Roco 2016).

Os nanomateriais constituem a base da nanotecnologia, oferecendo propriedades e funcionalidades únicas devido às suas dimensões à nanoescala. Este capítulo apresenta uma panorâmica dos vários tipos de nanomateriais, dos seus métodos de síntese e das suas aplicações em diferentes domínios.

**Tipos de nanomateriais em nanotecnologia**

**1. Nanopartículas**

As nanopartículas referem-se a partículas sólidas cujo tamanho varia entre um e 100 nanómetros numa ou mais dimensões (Nel et al., 2006). A síntese de nanopartículas pode ser efectuada através de abordagens ascendentes, como a precipitação química, a síntese sol-gel, a síntese hidrotérmica ou abordagens descendentes, como a moagem de bolas e a litografia, entre outras (Huang et al., 2015). A catálise, a administração de fármacos, a imagiologia, os sensores e a remediação ambiental são alguns dos domínios em que se verifica a utilização de nanopartículas (Hoskins & Robson, 2016).

**2. Nanofios**

Por outro lado, os nanofios são estruturas longas com diâmetros que chegam aos dois dígitos do nanómetro, enquanto os seus comprimentos são frequentemente dezenas de vezes superiores ao seu diâmetro (Cui et al., 2001). O crescimento vapor-líquido-sólido e o método assistido por modelos são ambos exemplos de métodos utilizados para sintetizar nanofios; no entanto, existem várias outras formas de os sintetizar, incluindo a deposição química de vapor (CVD), a eletrodeposição (ED), etc. (Huang et al., 2001). Os campos de aplicação da eletrónica, da optoelectrónica, dos sensores, do armazenamento de energia e dos dispositivos biomédicos dependem fortemente dos nanofios (Duan et al., 2003).

**3. Nanotubos**

Em particular, estes materiais incluem o carbono, o nitreto de boro e outros que existem numa estrutura cilíndrica oca designada por nanotubos. O diâmetro é de algumas dezenas de nanómetros, enquanto o comprimento varia entre algumas centenas e milhares de micrómetros na maioria dos casos, com algumas excepções que se estendem até milímetros (Iijima, 1991). Métodos de crescimento como a técnica de síntese por descarga em arco produziram tubos à base de carbono, mas poucas outras técnicas podem produzir um produto de parede única quase puro, incluindo a metodologia de síntese por ablação a laser aplicada pela equipa de Dresselhaus para produzir CNT (Dresselhaus et al., 1996). Os nanotubos são utilizados em nanoelectrónica, dispositivos de emissão de campo, compósitos, armazenamento de energia e administração de medicamentos (Baughman et al., 2002).

## 4. Pontos Quânticos

A pequena dimensão das nanopartículas faz com que as suas propriedades electrónicas e ópticas se alterem de uma forma que depende do tamanho dessas partículas (Brus, 1986). Os pontos quânticos são produzidos por métodos como a síntese química, a química coloidal, a auto-montagem e o crescimento epitaxial (Alivisatos, 1996). Exemplos de aplicações para os pontos quânticos incluem ecrãs, fontes de iluminação, agentes de imagiologia biológica, materiais fotovoltaicos; dispositivos utilizados na computação quântica (Michalet et al., 2005).

## 5. Nanocompósitos

A fase matriz e a fase de reforço à nanoescala que compõem os nanocompósitos resultam em melhores propriedades mecânicas, eléctricas, térmicas ou ópticas do que as dos compósitos convencionais (Balazs & Emrick, 2004). As técnicas de preparação dos nanocompósitos incluem a mistura por fusão, a mistura em solução, o método de montagem camada a camada e a polimerização in situ (Paul & Robeson, 2008). Os nanocompósitos são utilizados em indústrias como a aeroespacial, que produz aviões e naves espaciais; a automóvel, que fabrica veículos; a de embalagens para produtos alimentares e medicamentos; a de revestimentos, que fabrica tintas e vernizes para acabamentos de edifícios; e a biomédica, que necessita de implantes (Peters et al., 2004).

## Métodos de síntese de nanomateriais

Foram utilizados diferentes métodos para criar materiais nanoestruturados com diferentes tamanhos e morfologias.

## 1. Deposição em fase vapor por processo químico (CVD)

Princípio: A CVD é um processo em que os gases precursores sofrem uma decomposição numa superfície de substrato aquecida, levando à formação de nanomateriais através de reacções químicas (Chen et al., 2014).

Vantagens: A CVD é adequada para a produção em grande escala e permite um controlo preciso da composição, morfologia e cristalinidade de um nanomaterial (Wagner & Ellis, 1964).

Aplicações: Por exemplo, a CVD é amplamente utilizada na síntese de nanotubos de carbono, grafeno, nanofios semicondutores e películas finas para eletrónica e optoelectrónica (Terrones et al., 2004).

## 2. Síntese Sol-Gel

Princípio: Este processo envolve a formação de um sol seguido de gelificação que conduz à formação de nanomateriais como nanopartículas, aerogéis e películas finas (Brinker & Scherer, 1990).

Vantagens: A síntese sol-gel é versátil, uma vez que pode ser utilizada para controlar as propriedades como a funcionalidade da superfície, a composição ou a porosidade de um material nas suas superfícies, incluindo vários substratos (Lu et al., 1999).

Aplicações: Algumas aplicações incluem a catálise, a deteção, a administração de medicamentos e os dispositivos biomédicos, onde estes materiais são utilizados porque as suas propriedades são sintonizáveis e têm uma elevada área de superfície (Aegerter & Mennig, 2012).

## 3. Síntese Hidrotermal

Princípio: A formação de nanomateriais de morfologia e cristalinidade controladas através da síntese hidrotérmica começa com a reação dos precursores numa solução aquosa sob condições de temperatura e pressão elevadas (Zhang et al., 2012).

Vantagens: A síntese hidrotérmica permite a síntese de uma vasta gama de nanomateriais, incluindo nanopartículas, nanofios e estruturas metal-orgânicas, com elevada pureza e cristalinidade (Xia et al., 2013).

Aplicações: Os nanomateriais derivados da hidrotermia são utilizados em fotocatálise, armazenamento de energia, remediação ambiental e aplicações biomédicas devido às suas propriedades únicas e parâmetros de síntese controláveis (Wang & Herron, 1991).

## 4. Moagem de bolas

Princípio: A moagem de bolas envolve a moagem mecânica de materiais a granel na presença de meios de moagem para produzir partículas em nanoescala através de processos repetidos de impacto e atrito (Suryanarayana, 2001).

Vantagens: A moagem de bolas oferece um método simples e económico para a síntese de nanomateriais sem a necessidade de altas temperaturas ou condições de reação complexas (Peng et al., 2017).

Aplicações: Os nanomateriais triturados com bolas são utilizados em catalisadores, sensores, dispositivos de armazenamento de energia e sistemas de administração de medicamentos, devido à sua dimensão de partículas finas e maior reatividade (Gaffet et al., 2000).

## 5. Síntese assistida por modelos

Princípio: Ao utilizar modelos ou moldes para orientar a formação de nanomateriais, a síntese assistida por modelos permite um controlo exato do tamanho, forma e estrutura do produto final (Martin, 1994).

Vantagens: Ao escolher os modelos corretos, a síntese assistida por modelos torna possível fabricar nanoestruturas complexas com caraterísticas e funções personalizadas (Sinha et al., 2006).

Aplicações: O controlo preciso da estrutura é crucial para o desempenho em nanoelectrónica, fotónica, plasmónica e engenharia de tecidos, todos os campos em que são utilizados nanomateriais dirigidos por modelos (Li et al., 2003).

## Técnicas sustentáveis para a síntese de nanomateriais

Na nanotecnologia, devem ser utilizadas técnicas respeitadoras do ambiente para a síntese de nanomateriais.

## 1. Química verde

Os princípios da química verde fornecem um quadro para o desenvolvimento de métodos de síntese sustentáveis. A economia de átomos consiste em maximizar a quantidade de matérias-primas utilizadas no produto acabado, a fim de reduzir a produção de resíduos. São selecionados solventes não tóxicos, renováveis e biodegradáveis que podem ajudar a reduzir os seus efeitos negativos no ambiente. A eficiência energética é conseguida através da redução da utilização de energia e do impacto do carbono, utilizando fontes de energia renováveis e processos energeticamente eficientes. Os catalisadores são utilizados para maximizar as velocidades de reação e a produção de resíduos é reduzida.

**2. Síntese mediada por plantas:**

Os extractos de plantas são utilizados como agentes estabilizadores e redutores na síntese de nanomateriais (Iravani, 2011).

Benefícios: A síntese mediada por plantas permite a produção de uma variedade de nanomateriais com caraterísticas reguladas e é económica e ambientalmente benigna (Mukherjee et al., 2014).

Utilizações: Os nanomateriais produzidos por métodos mediados por plantas são utilizados em catálise, sensores, administração de medicamentos e remediação ambiental (Singh et al., 2018).

**3. Síntese microbiana**

Princípio: Nesta síntese, microorganismos como bactérias, fungos e algas são utilizados para a produção de nanomateriais através de processos de redução celular (Narayanan & Sakthivel, 2010).

Vantagens: Este método é amigo do ambiente, escalável, e por este método é possível a síntese de diversos nanomateriais em condições de reação menores (Rai et al., 2015).

Aplicações: os nanomateriais sintetizados por este método são utilizados em revestimentos antimicrobianos, biossensores, tratamento de águas residuais para produzir água limpa e bioremediação em vários sectores (Husseiny et al., 2007).

**4. Síntese bio-inspirada**

Princípio: Esta síntese consiste em criar nanomateriais com estruturas e funcionalidades hierárquicas imitando processos biológicos, incluindo a biomineralização e as reacções mediadas por enzimas (Dickerson et al., 2008).

Vantagens: A síntese bio-inspirada permite um controlo específico da forma, tamanho e composição dos nanomateriais, baseando-se nos princípios de conceção da natureza (Meldrum & Cölfen, 2008).

Aplicações: Os nanomateriais produzidos por esta síntese são utilizados em materiais biomiméticos, estruturas de engenharia de tecidos, dispositivos de transformação de energia e revestimentos reactivos (Pokroy & Epstein, 2011).

**5. Materiais precursores sustentáveis**

Princípio: Estes materiais são derivados de fontes renováveis, como a biomassa, os resíduos e os polímeros naturais, através da síntese de nanomateriais ecológicos (Liang et al., 2010).

Vantagens: Quando são utilizados materiais precursores sustentáveis, reduz-se a dependência de combustíveis fósseis, diminui-se a produção de resíduos e apoiam-se os princípios da economia circular na nanotecnologia (Mehta et al., 2020).

Aplicações: Os nanomateriais sintetizados por este método são usados em embalagens, têxteis, agricultura e tecnologias de energia renovável (Rajendran et al., 2019).


**Aplicações da nanotecnologia**

Atualmente, a nanotecnologia está a receber mais atenção devido ao seu potencial para transformar vários sectores. Alguns deles são explicados a seguir.

**Nanomedicinas:**

A nanomedicina utiliza os princípios da nanotecnologia no sector da medicina e dos cuidados de saúde, melhorando a orientação, modernizando o diagnóstico, a terapêutica e a medicina personalizada.

**Nanopartículas na administração de medicamentos**

As nanopartículas apresentam vantagens únicas para a administração de medicamentos, tais como:

**Melhoria do alvo:** As nanopartículas são concebidas para visar tecidos ou células específicos, reduzindo os efeitos secundários fora do alvo e ajudando a melhorar a eficácia dos medicamentos (Davis et al., 2008).

**Tempo de circulação alargado:** A modificação da superfície das nanopartículas pode prolongar o tempo de circulação na corrente sanguínea, aumenta a biodisponibilidade do fármaco e reduz a frequência da dose (Farokhzad & Langer, 2009).

**Libertação controlada:** As nanopartículas podem controlar a libertação de agentes terapêuticos, a libertação sustentada de fármacos pode ser alcançada, resultando numa melhor adesão dos doentes (Peer et al., 2007).

**Nanopartículas de diagnóstico**

A nanotecnologia oferece novas abordagens para a deteção precoce e a imagiologia de doenças:

**Agentes de contraste:** As nanopartículas servem como agentes de contraste para várias modalidades de imagiologia, incluindo a ressonância magnética (RM), a tomografia computorizada (TC) e a imagiologia por fluorescência, permitindo um diagnóstico e monitorização precisos de doenças (Jokerst et al., 2011).

**Biossensores:** Os biossensores baseados em nanopartículas detectam biomarcadores associados a doenças, oferecendo ferramentas de diagnóstico rápidas e sensíveis para testes no local de atendimento e vigilância de doenças (Cao et al., 2013).

**Aplicações terapêuticas**

Os nanomedicamentos são promissores no tratamento de uma vasta gama de doenças, incluindo o cancro, as doenças infecciosas e as perturbações neurológicas:

**Terapia do cancro:** Os quimioterápicos à base de nanopartículas, a terapia fototérmica e os sistemas de administração de medicamentos específicos permitem a destruição selectiva das células cancerígenas, minimizando os danos nos tecidos saudáveis (Haley & Frenkel, 2008).

**Tratamento de doenças infecciosas:** As nanopartículas antimicrobianas e os sistemas nanoestruturados de administração de medicamentos combatem os agentes patogénicos resistentes aos antibióticos e aumentam a eficácia dos agentes antimicrobianos (Zhang et al., 2015).

**Doenças neurológicas:** As nanopartículas penetram na barreira hemato-encefálica e fornecem agentes terapêuticos ao sistema nervoso central, oferecendo novas vias para o tratamento de doenças neurodegenerativas e tumores cerebrais (Huang et al., 2017).

**Desafios e direcções futuras**

Apesar dos notáveis progressos registados na nanomedicina, subsistem vários desafios:

**Biocompatibilidade e segurança:** Garantir a biocompatibilidade e a segurança dos nanomateriais é essencial para a tradução clínica, exigindo uma avaliação pré-clínica rigorosa e uma supervisão regulamentar (Nel et al., 2009).

**Escalabilidade e fabrico:** O aumento da produção de nanopartículas e dos processos de fabrico, mantendo o controlo de qualidade, representam desafios significativos para a implantação clínica em grande escala (Etheridge et al., 2013).

**Nanomateriais em eletrónica**

Os nanomateriais desempenham um papel crucial na melhoria do desempenho dos dispositivos electrónicos. Os nanotubos de carbono (CNT), o grafeno e os pontos quânticos contam-se entre os nanomateriais mais promissores utilizados na eletrónica. Os CNT, com as suas excepcionais propriedades eléctricas, mecânicas e térmicas, estão a ser explorados para aplicações como transístores, interligações e sensores (Novoselov et al., 2004). O grafeno, uma camada única de átomos de carbono dispostos numa estrutura bidimensional em favo de mel, apresenta uma elevada mobilidade de electrões e transparência, o que o torna adequado para eletrónica flexível, ecrãs tácteis e dispositivos de armazenamento de energia (Novoselov et al., 2005). Os pontos quânticos, nanopartículas semicondutoras com propriedades ópticas e eléctricas únicas, são utilizados em ecrãs, fotodetectores e computação quântica (Alivisatos, 1996).

**Nanoelectrónica**

A nanoelectrónica envolve o fabrico de componentes electrónicos à nanoescala, conduzindo a dispositivos mais rápidos, mais pequenos e mais eficientes em termos energéticos. Um dos avanços mais significativos da nanoelectrónica é o desenvolvimento de transístores à nanoescala. Os transístores à base de silício foram reduzidos a dimensões nanométricas, permitindo a produção de circuitos integrados de elevado desempenho com maior densidade de transístores (Kahng & Atalla, 1960). Além disso, tecnologias emergentes como os transístores de tunelamento, a spintrónica e os memristores são promissoras para futuros dispositivos electrónicos com maior funcionalidade e menor consumo de energia (Appenzeller et al., 2004; Chua, 1971; Wolf et al., 2001).

**Nanocomputação**

A nanotecnologia também revolucionou a computação ao permitir o desenvolvimento de novas arquitecturas e dispositivos de computação. A computação quântica, em particular, aproveita os princípios da mecânica quântica para efetuar cálculos exponencialmente mais rápidos do que os computadores clássicos (Feynman, 1982). Os bits quânticos (qubits), as unidades fundamentais da informação quântica, podem existir em múltiplos estados simultaneamente, permitindo o processamento paralelo e a resolução de problemas complexos, como a factorização e a otimização (Shor, 1994). Embora a computação quântica ainda esteja a dar os primeiros passos, foram feitos progressos significativos no fabrico de qubits e na superação dos desafios da decoerência (Mooij et al., 1999).

**Desafios e direcções futuras**

Apesar dos notáveis progressos registados na eletrónica e na computação baseadas em nanotecnologias, subsistem vários desafios. Questões como a escalabilidade, a fiabilidade e a relação custo-eficácia têm de ser abordadas para concretizar todo o potencial dos dispositivos à nanoescala. Além disso, a integração dos nanomateriais e da nanoelectrónica nos processos de fabrico existentes exige uma análise cuidadosa das questões de compatibilidade e rendimento.

**Conclusão**

Os nanomateriais englobam uma gama diversificada de estruturas e composições, cada uma oferecendo propriedades e aplicações únicas em vários domínios. Ao compreender os tipos de nanomateriais e os seus métodos de síntese, os investigadores podem adaptar as suas propriedades a aplicações específicas, impulsionando a inovação e o avanço da nanotecnologia. Os métodos de síntese desempenham um papel crucial na adaptação das propriedades e funcionalidades dos nanomateriais para várias aplicações. Os métodos de síntese ecológicos oferecem alternativas sustentáveis para a produção de nanomateriais com um impacto ambiental reduzido. A adesão aos princípios da química verde e a utilização de abordagens inspiradas na natureza permitem promover a gestão ambiental.

Os nanomedicamentos representam uma mudança de paradigma nos cuidados de saúde, oferecendo oportunidades sem precedentes para a terapia direcionada, o diagnóstico precoce e a medicina personalizada. A nanotecnologia surgiu como um fator de mudança nos domínios da eletrónica e da computação, oferecendo oportunidades sem precedentes para a inovação e o progresso. Desde os nanomateriais com propriedades únicas até aos dispositivos nanoelectrónicos e à computação quântica, o impacto da nanotecnologia é profundo e de grande alcance.

A nanotecnologia apresenta uma vasta gama de oportunidades em vários domínios, incluindo a nanomedicina, a nanoelectrónica e a nanocomputação. Através da exploração de diferentes tipos de nanomateriais e métodos de síntese, os investigadores continuam a alargar os limites do que é possível à nanoescala. O desenvolvimento de novos nanomateriais com propriedades adaptadas é promissor para revolucionar a medicina, a eletrónica e a computação. No entanto, desafios como a escalabilidade, a segurança e considerações éticas continuam a ser áreas de preocupação significativas que exigem atenção e investigação contínuas. À medida que o domínio da nanotecnologia continua a evoluir, a colaboração interdisciplinar e o pensamento inovador serão fundamentais para desbloquear todo o seu potencial para enfrentar desafios societais complexos e melhorar o bem-estar humano.

**Referências**


Aegerter, M. A., & Mennig, M. (2012). Tecnologias Sol-Gel para Produtores e Utilizadores de Vidro. Springer Science & Business Media.

Alivisatos, A. P. (1996). Semiconductor Clusters, Nanocrystals, and Quantum Dots. Science, 271(5251), 933-937.

Appenzeller, J., Martel, R., & Avouris, P. (2004). Carbon nanotubes and their potential role in the semiconductor industry (Nanotubos de carbono e seu potencial papel na indústria de semicondutores). IBM Journal of Research and Development, 48(1/2), 187-191.

Balazs, A. C., & Emrick, T. (2004). Nanocomposites: Structure, Phase Behavior, and Properties (Nanocompósitos: Estrutura, Comportamento de Fase e Propriedades). Revisão Anual de Pesquisa de Materiais, 34, 445-471.

Baughman, R. H., et al. (2002). Carbon Nanotubes--the Route Toward Applications (Nanotubos de carbono - o caminho para aplicações). Science, 297(5582), 787-792.

Brinker, C. J., & Scherer, G. W. (1990). Sol-Gel Science: The Physics and Chemistry of Sol-Gel Processing. Academic Press.

Brus, L. (1986). Funções de Onda Eletrónica em Aglomerados de Semicondutores: Experiment and Theory. The Journal of Physical Chemistry, 90(12), 2555-2560.

Cao, Y. C., Jin, R., & Mirkin, C. A. (2013). Nanopartículas com impressões digitais espectroscópicas Raman para deteção de DNA e RNA. Science, 297(5586), 1536-1540.

Carolina Fracalossi Rediguieri, (2009). Estudo sobre o desenvolvimento da nanotecnologia em países avançados e no Brasil, Revista Brasileira de Ciências Farmacêuticas vol. 45, n. 2,

Chen, X., et al. (2014). Materiais à base de carbono para a produção de hidrogénio fotocatalítico solar. Chemical Society Reviews, 43(8), 3244-3264.

Chua, L. O. (1971). Memristor - o elemento de circuito em falta. IEEE Transactions on Circuit Theory, 18(5), 507-519.

Davis, M. E., et al. (2008). Nanoparticle therapeutics: an emerging treatment modality for cancer (Terapêutica de nanopartículas: uma modalidade de tratamento emergente para o cancro). Nature Reviews Drug Discovery, 7(9), 771-782.

Dickerson, M. B., et al. (2008). Polymer Direted Protein Nanoparticle Formation (Formação de nanopartículas de proteínas dirigidas por polímeros). Journal of the American Chemical Society, 130(15), 4788-4789.

Dresselhaus, M. S., et al. (1996). Nanotubos de carbono. Physics of Low-Dimensional Semiconductors, 27, 331-360.

Duan, X., et al. (2003). High-performance thin-film transistors using semiconductor nanowires and nanoribbons. Nature, 425(6955), 274-278.

Etheridge, M. L., et al. (2013). O panorama geral da nanomedicina: o estado dos produtos de nanomedicina em investigação e aprovados. Nanomedicina: Nanotecnologia, Biologia e Medicina, 9(1), 1-14.

Farokhzad, O. C., & Langer, R. (2009). Impacto da nanotecnologia na administração de medicamentos. ACS Nano, 3(1), 16-20.

Feynman, R. P. (1982). Simulando a física com computadores. International Journal of Theoretical Physics, 21(6/7), 467-488.

Gaffet, E., et al. (2000). Mechanosynthesis of nanophase materials (Mecanossíntese de materiais nanofásicos). Progresso em Ciência dos Materiais, 45(1), 1-102.

Haley, B., & Frenkel, E. (2008). Nanopartículas para administração de medicamentos no tratamento do cancro. Urologic Oncology: Seminars and Original Investigations, 26(1), 57-64.

Hoskins, C., & Robson, M. (2016). Rotas sintéticas para morfologias de nanopartículas estabilizadas por copolímeros de bloco anfifílico ramificado. Jornal da Sociedade Americana de Química, 138(31), 1006-1017.

Huang, R., et al. (2017). Estratégias baseadas em nanotecnologia para atravessar a barreira hematoencefálica. Nano Today, 15, 21-34.

Huang, X., et al. (2015). Síntese e Aplicações de Nanopartículas de Metal Nobre. Revisão Anual de Pesquisa de Materiais, 45, 143-166.

Huang, Y., et al. (2001). Nanolasers de nanofios ultravioleta a temperatura ambiente. Science, 292(5523), 1897-1899.

Husseiny, M. I., et al. (2007). Biossíntese de nanopartículas de ouro utilizando Pseudomonas aeruginosa. Nanotecnologia, 18(4), 405103.

Iadiz MAR, Bamedi M, Fakour S.R. (2017) "Doenças periodontais e nanotecnologia recentemente aplicada: Um artigo de revisão. "Health 9: 345-51.

Iijima, S. (1991). Microtúbulos helicoidais de carbono grafítico. Nature, 354(6348), 56-58.

Iravani, S. (2011). Síntese Verde de Nanopartículas de Metal Usando Plantas. Química Verde, 13(10), 2638-2650.

Jokerst, J. V., et al. (2011). PEGylation de nanopartículas para imagiologia e terapia. Nanomedicina, 6(4), 715-728.

Kahng, D., & Atalla, M. (1960). Dispositivos de superfície induzida por campo de dióxido de silício-silício. IRE Transactions on Electron Devices, 7(5), 269-275.

Kannaparthy R., Kanaparthy A. (2011) A face em mudança da medicina dentária: nanotecnologia. Int J Nanomedicine 6: 2799-804.

Liang, C., et al. (2010). Renewable Materials for Sustainable Polymers (Materiais Renováveis para Polímeros Sustentáveis). Macromolecules, 43(22), 9194-9205.

Lu, Y., et al. (1999). Crescimento controlado de matrizes de grande área, uniformes e alinhadas verticalmente de nanobelts e nanofios de $\alpha$-Fe2O3. Journal of Physical Chemistry B, 103(9), 1665-1672.

Martin, C. R. (1994). Nanomaterials: A Membrane-Based Synthetic Approach. Science, 266(5193), 1961-1966.

Meldrum, F. C., & Cölfen, H. (2008). Controlo de Morfologias e Estruturas Minerais em Sistemas Biológicos e Sintéticos. Chemical Reviews, 108(11), 4332-4432.

Michalet, X., et al. (2005). Quantum dots for live cells, in vivo imaging, and diagnostics. Science, 307(5709), 538-544.

Mooij, J. E., Orlando, T. P., Levitov, L., Tian, L., van der Wal, C. H., & Lloyd, S. (1999). Josephson persistent-current qubit. Science, 285(5430), 1036-1039.

Mukherjee, P., et al. (2014). Síntese biológica de nanopartículas de plantas e microorganismos. Tendências em Biotecnologia, 32(3), 170-180.

Narayanan, K. B., & Sakthivel, N. (2010). Síntese Biológica de Nanopartículas Metálicas por Micróbios. Avanços em Ciência Coloidal e de Interface, 156(1-2), 1-13.

Nel, A. E., et al. (2006). Toxic potential of materials at the nanolevel. Science, 311(5761), 622-627.

Nel, A. E., et al. (2009). Compreensão das interações biofísico-químicas na interface nano-bio. Nature Materials, 8(7), 543-557.

Novoselov, K. S., Geim, A. K., Morozov, S. V., Jiang, D., Katsnelson, M. I., Grigorieva, I. V., & Dubonos, S. V. (2005). Gás bidimensional de férmions de Dirac sem massa em grafeno. Nature, 438(7065), 197-200.

Novoselov, K. S., Geim, A. K., Morozov, S. V., Jiang, D., Zhang, Y., Dubonos, S. V., & Firsov, A. A. (2004). Efeito de campo elétrico em filmes de carbono atomicamente finos. Science, 306(5696), 666-669.

Paul, D. R., & Robeson, L. M. (2008). Nanotecnologia de polímeros: Nanocomposites. Polymer, 49(15), 3187-3204).

Peer, D., et al. (2007). Nanocarriers as an emerging platform for cancer therapy. Nature Nanotechnology, 2(12), 751-760.

Peng, Y., et al. (2017). Fresagem Mecânica: uma Abordagem Top Down para a Síntese de Nanomateriais e Nanocompósitos. Nanociência e Nanotecnologia, 7(1), 1-6.

Peters, F., et al. (2004). Polyurethanes and Nanotechnology. Journal of Nanoscience and Nanotechnology, 4(1-2), 1-17).

Pokroy, B., & Epstein, A. K. (2011). Projetando revestimentos compostos bioinspirados: Fundamentos do Controlo Morfológico e Composicional. Advanced Materials, 23(5), 540-576.

Rai, M., et al. (2015). Nanotecnologia microbiana: Conceitos e Aplicações. Wiley-VCH.

Rajendran, V., et al. (2019). Nanomateriais sustentáveis: Avanços recentes em síntese verde, impacto ambiental e aplicações. Jornal de Engenharia Química, 358, 1152-1170.

Roco M.C. (2016) Construir conhecimentos fundamentais e infra-estruturas para as nanotecnologias: 2000-2030. Capítulo 4. In: Cheng et al (eds) 'anotechnology: delivering the promise', vol 1. ACS, Washington, DC, pp 39-52.

Shor, P. W. (1994). Algoritmos para a computação quântica: Logaritmos discretos e factorização. Em Proceedings 35th Annual Symposium on Foundations of Computer Science (pp. 124-134). IEEE.

Singh, P., et al. (2018). Síntese mediada por plantas de nanopartículas de prata e ouro e suas aplicações. Jornal de Tecnologia Química e Biotecnologia, 93(12), 3516-3530).

Suryanarayana, C. (2001). Mechanical alloying and milling. Progresso em Ciência dos Materiais, 46(1-2), 1-184.

Terrones, M., et al. (2004). Grafeno e Nanoribbons de Grafite: Morfologia, Propriedades, Síntese, Defeitos e Aplicações. Nano Today, 9(6), 738-758.

Wagner, R. S., & Ellis, W. C. (1964). Mecanismo Vapor-Líquido-Sólido de Crescimento de Cristal Único. Applied Physics Letters, 4(5), 89-90.

Wang, X., & Herron, N. (1991). Aglomerados de semicondutores de tamanho nanométrico: Materials synthesis, quantum size effects, and photophysical properties. The Journal of Physical Chemistry, 95(2), 525-532.

Wolf, S. A., Awschalom, D. D., Buhrman, R. A., Daughton, J. M., von Molnár, S., Roukes, M. L., & Stiles, M. D. (2001). Spintrónica: A spin-based electronics vision for the future. Science, 294(5546), 1488-1495.

Xia, Y., et al. (2013). Síntese de nanocristais metálicos com controlo da forma: A química simples encontra a física complexa? Angewandte Chemie International Edition, 48(1), 60-103.

Zhang, H., et al. (2012). Síntese Hidrotermal de Titânia Nanosized: Influência do Precursor e Condições de Reação na Estrutura e Atividade Fotocatalítica. Journal of Physical Chemistry C, 116(37), 19751-19758.

Zhang, L., et al. (2015). Entrega de medicamentos à base de nanopartículas na terapia do cancro e o seu papel na superação da resistência aos medicamentos. Fronteiras em Biociências Moleculares, 2, 69.

CAPÍTULO 8

# Estudos sobre a Síntese de Nanopartículas utilizando Fungos e Algas

Dr. Sangita Anandrao Ghadge

Departamento de Botânica

Colégio de Artes, Comércio e Ciências Loknete Gopinathji Munde,

Mandangad, Dist: Ratnagiri (MS)

Correio eletrónico: ghadge.sangita@gmail.com

---------------------------------------------------------------------------------------------------

## Resumo

As nanopartículas comportam-se como uma unidade completa em termos do seu transporte e propriedades. Devido ao seu tamanho muito pequeno ou à sua relação superfície/volume, à sua capacidade de interagir facilmente e à sua eficiência de cem por cento, são amplamente utilizadas em vários domínios. É uma ferramenta atractiva utilizada na área da eletrónica, da agricultura como nanofertilizantes para aumentar o rendimento das culturas, para um ambiente livre de poluição, cosméticos, biomedicina, biotecnologia, etc. O grande impacto da nanobiotecnologia em quase todas as formas de vida tem intrigado os investigadores de todo o mundo. A procura de nanotecnologias para o mundo futuro obriga a descobrir tecnologias respeitadoras do ambiente. Os métodos biológicos são amigos do ambiente, pelo que vários microrganismos como bactérias, fungos - incluindo cogumelos, leveduras e algas - são utilizados para a síntese ecológica de nanopartículas metálicas. Este artigo de revisão centra-se na utilização de vários membros do grupo dos fungos e das algas para a síntese de nanopartículas e na sua aplicação em diferentes domínios.

**Palavras chave-** Algas, Biossíntese, Fungos, Nanopartículas, Nanotecnologia


## Introdução

Richard Feynman descreveu as pistas ocultas sobre a nanotecnologia como 'Há muitas salas no fundo, explicando a tecnologia em que os cientistas seriam capazes de manipular e controlar átomos e moléculas individuais utilizando materiais com dimensões de aproximadamente 1-100 nm'. De acordo com a Organização Internacional de Normalização (ISO), as nanopartículas são os nano-objectos com todas as dimensões externas à nanoescala, em que o comprimento dos eixos mais longo e mais curto dos nano-objectos não diferem significativamente (ISO/TS80004-2:2015). Embora a nanoescala varie entre 1 e 100 nm, as nanopartículas podem ser categorizadas em 3 gamas de tamanho: maiores do que 500 nm, entre 100 nm e 500 nm e entre 1 e 100 nm (Comissão Europeia, 2010).

As nanopartículas podem apresentar propriedades relacionadas com o tamanho. Com base na estrutura e na composição, as nanopartículas podem ter propriedades únicas como metálicas, dieléctricas, semicondutoras, magnéticas ou podem ser multifuncionais, incluindo mais do que uma caraterística. A vantagem da aplicação das nanopartículas nas ciências da vida e no ambiente deve-se ao facto de o seu tamanho ser comparável às dimensões de objectos como os vírus, ou seja, 10-100nm, ou as células, cerca de 1-10μm. A elevada relação superfície-área-volume das nanopartículas permite ligações fortes com moléculas de surfactantes. A caraterística específica, como o tamanho pequeno e a grande área de superfície das nanopartículas, fornece uma ferramenta para a deteção sensível de alguns contaminantes que levam à poluição ambiental e também oferece oportunidades para tratar a contaminação ambiental (NAM & LOUNG 2019).

**Métodos de síntese:**

Existem vários métodos de síntese de nanopartículas (NP), *nomeadamente* métodos físicos, métodos químicos e métodos biológicos. O método físico inclui o método mecânico de moagem mecânica, o método de vapor, incluindo a deposição física de vapor - pulverização catódica, ablação por laser e pirólise por laser. Os métodos químicos são o sol gel, a deposição química de vapor, o método coloidal, a pirólise por pulverização e os métodos biológicos.

Todas as técnicas de síntese/deposição estão divididas em duas categorias com base na fase do material de partida. As duas abordagens para a síntese de nanomateriais e o fabrico de nanoestruturas são as abordagens Top-Down e Bottom-Up.

A abordagem descendente descreve a síntese de NP a partir de materiais a granel em materiais mais pequenos. A estratégia de cima para baixo cai principalmente no método físico de síntese de NP, pois adquire um grande forno tubular para esmagar o material a granel em partes menores (Chen et al., 2016). Enquanto a estratégia bottom-up sugere que as NPs são sintetizadas para o material necessário a partir de moléculas mais pequenas. A redução química é maioritariamente utilizada nesta técnica, por vezes combinada com o agente de capeamento para fins de estabilização das NPs sintetizadas. O método biológico de síntese de NPs também é classificado na abordagem ascendente, em que as biomoléculas são incorporadas em substâncias metálicas para a produção de materiais à escala nanométrica. As técnicas são classificadas em técnicas físicas, químicas e biológicas para a síntese de NPs para as abordagens top-down e bottom-up.

A investigação sobre a síntese de NP derivadas de biomateriais tem merecido grande atenção devido às suas caraterísticas, tais como baixo custo, métodos de síntese fáceis, elevada solubilidade em água e natureza ecológica. A síntese de NPs através do método químico tradicional está a ser rapidamente substituída por um método "verde" e este método biológico tem desenvolvido um interesse imenso devido às suas perspectivas económicas, eco-amizade, viabilidade e uma vasta gama de aplicações em vários campos, tais como catálise, medicina e agricultura (Mitesh *et al.*, 2021). Para a síntese de NPs bioactivas, vários tipos de unidades biológicas actuam como agentes redutores e estabilizadores. A técnica biológica utilizada no âmbito da síntese verde difere com o tipo de agente redutor utilizado como microrganismos (bactérias e fungos) e plantas e seus extractos (Santheraleka *et al.* 2021). A síntese verde de nanopartículas metálicas foi adoptada para acomodar vários materiais biológicos como bactérias, fungos, algas e extractos de plantas (singh et al.2018,).

**Síntese verde mediada por fungos-**

Sabe-se que as NPs derivadas de macrofungos, incluindo várias espécies de cogumelos, como *Agaricus bisporus*, *Pleurotus* spp., *Lentinus* spp. e *Ganoderma* spp. possuem elevadas propriedades nutricionais, imunomoduladoras, antimicrobianas (antibacterianas, antifúngicas e antivirais), antioxidantes e anticancerígenas. A atrição envolve a trituração de partículas por mecanismos de redução de tamanho. Métodos químicos, como o método húmido, em que as nanopartículas são cultivadas num meio líquido contendo vários reagentes, geralmente agentes redutores, como o borohidreto de sódio, o bitartarato de potássio e o metoxipolietilenoglicol. Redução química, técnicas electroquímicas e reacções fotoquímicas em micelas inversas. Estes dois métodos têm alguns inconvenientes, como o custo elevado, o elevado consumo de energia e a produção de subprodutos tóxicos.

A lista de nanopartículas e nanominerais que se sabe serem sintetizados por fungos aumentou muito nos últimos anos e inclui cerca de 30 elementos da Tabela

Periódica. Estes incluem metais alcalino-terrosos (Sr, Mg, Ba), metais de transição (Ti, Mn, Fe, Co, Ni, Cu, Zr, Ag, Pt, Au), metais pós-transição (Al, Zn, Cd, Bi), metalóides (Si, Te), não-metais (H, C, N, O, P, S, Se), lantanídeos (La, Ce) e um actinídeo (U). Partículas elementares nanométricas de ouro [redução de Au(III) a Au(0)], prata [redução de Ag(I) a Ag(0)], paládio [redução de Pd(IV, II) a Pd(0)] e metalóides como o selénio e o telúrio, produzidas por redução de oxianiões Se/Te [Se(IV, VI)/Te(IV, VI) a Se(0)/Te(0)], podem ser produzidas por uma série de espécies fúngicas.

Os nanominerais incluem óxidos, carbonatos, fosfatos, <u>selenetos</u>, teluretos e sulfuretos que podem incorporar metal(loide)s, incluindo Cu, Cd, Zn, Mn, Ni, Ba, Zr, Fe, Pb, Sr, Se, Te e Ti. É provável que outros elementos sejam acrescentados a esta lista, tendo em conta o grande número de espécies fúngicas formadoras de nanopartículas (Qianwei *et al.* 2022). Entre as várias nanopartículas metálicas, as nanopartículas de prata têm várias aplicações importantes no domínio da bio-marcação, dos sensores, dos agentes antimicrobianos e dos filtros e, por conseguinte, estão a ser intensamente estudadas utilizando *Fusarium oxysporum, Pseudomonas stutzeri, Rhodococcus sp. Thermomonospora, Phaenero chaete chrysosporium*, etc. (Basavraja *et al.*, 2008). As AgNPs podem ser biossintetizadas pelo filtrado celular de *Aspergillus sydowii*, o processo de síntese é bastante suave e sem agentes tóxicos. As AgNPs apresentam boa estabilidade e uniformidade. Na aplicação biológica das AgNPs, foi registada uma atividade antifúngica significativa contra fungos patogénicos. Entretanto, as AgNPs também têm uma boa atividade antiproliferativa contra as células tumorais HeLa e MCF-7. A capacidade de sintetizar AgNPs usando *Aspergillus sydowii* é promissora como um método ecológico, simples e sustentável de nano-metais, e fornece uma nova estratégia para aplicação biomédica (Wang *et al,.* 2021). Para meios sustentáveis e ecológicos de produção de nanopartículas, a utilização de fungos para a síntese de nanomateriais apresenta vantagens (Bansal *et al.*, 2011; Gade *et al.*, 2010).

As hifas fúngicas produzem micélio filamentoso que possui uma elevada relação entre a área de superfície e a massa (Gadd, 2007; Gadd e Raven, 2010) e propriedades de translocação de nutrientes, enquanto a bainha mucilaginosa hidratada que frequentemente envolve as hifas fornece uma matriz benéfica para reacções geoquímicas. A rede ramificada fornece um modelo eficiente para a formação de NPs devido ao grande número de grupos funcionais de ligação a metais na parede celular e substâncias poliméricas extracelulares associadas (EPS) que actuam como locais de nucleação. Além disso, muitos fungos são excelentes candidatos para a imobilização de metais, dissolução e formação de minerais, e muitos podem florescer na presença de altas concentrações de metais devido a vários mecanismos activos e incidentais para combater a toxicidade do metal (Dhillon *et al.*, 2012; Gadd e Raven, 2010 ).

**Síntese verde mediada por algas:**

As algas são conhecidas pela sua capacidade de hiperacumular iões de metais pesados e de se remodelarem em formas mais maleáveis (Fawcett et al., 2017). A síntese de nanopartículas a partir de uma grande diversidade de recursos de algas provou ser uma das áreas recentes e mais inovadoras da investigação bioquímica, uma vez que têm a propriedade de reduzir os iões metálicos (Ponnuchamy e Jacob, 2016). As nanopartículas podem ser sintetizadas intra ou extracelularmente, dependendo da espécie de alga e do modo de operação.

As diferentes espécies de algas e as nanopartículas produzidas são CUO de *Bifurcaria bifurcate*, AU-Galaxoura *elongate*, Agcl- *Sargassum plagiophyllum*, Ag-Cyanobacterium *ocillatoria limnetica, Caulerpa racemosa*, ZnO-Ulva fasciata, Fe3O4 - Jania rubens. Os extractos de algas contêm hidratos de carbono, vitaminas, nutrientes, óleos, gorduras, ácidos gordos poli-insaturados, compostos bioactivos como os antioxidantes (polifenóis e tocoferóis), pigmentos como os carotenóides (caroteno e xantofila), clorofilas e ficobilinas (ficocianina e ficoeritrina) em diferentes níveis de concentração, dependendo da espécie de alga e da sua idade. Estes compostos activos foram descritos teoricamente como agentes redutores e estabilizadores da síntese de nanopartículas (Fawcett et al., 2017).

Entre os vários microrganismos, as microalgas são plantas microscópicas primitivas e têm vantagens significativas como fábricas de células para a produção de nanopartículas, em comparação com as plantas maiores. As algas são organismos fotossintéticos filamentosos aquáticos que pertencem ao reino das plantas. Todas estas algas são amplamente classificadas em dois tipos: microalgas e macroalgas (Leaf et al., 2020). As microalgas crescem muito rapidamente e, em média, duplicam a sua massa 10 vezes mais depressa do que as plantas superiores. Sabe-se que várias espécies de microalgas reduzem os iões metálicos. A cianobactéria *Nostoc ellipsosporum* foi utilizada pela primeira vez em laboratório para a biossíntese intracelular de nanobastões de ouro. Depois de descobrir cultivadores saudáveis de 15 mg L-1 de solução de ouro (III) (pH 4,5), os nanobastões foram formados dentro das células a 20°C durante 48 h (Parial e Pal, 2015).

As nanopartículas de ouro (AuNPs) podem ser facilmente sintetizadas utilizando uma variedade de processos para uma variedade de utilizações industriais e médicas. No entanto, devido à sua vasta distribuição de tamanho e forte propriedade de agregação, a sua eficácia como catalisador não foi adequadamente investigada e optimizada. A biomassa gerada na cultura de microalgas para biossíntese de nanopartículas exibe propriedades antimicrobianas, pois pode aumentar a capacidade antibacteriana e antifúngica das nanopartículas de prata (Terra et al., 2019). As algas pertencentes às famílias Cyanophyceae, Chlorophyceae, Phaeophyceae e Rhodophyceae têm sido usadas como nanomáquinas por síntese intracelular e extracelular de ouro (Au), prata (Ag) e outras nanopartículas metálicas. A biomassa de algas desengorduradas foi registada para a síntese de nanomateriais de prata por Chokshi et al. (2016).

A capacidade antioxidante das nanopartículas de prata biossintetizadas foi avaliada utilizando 2,2'-azino-bisfosfato (ácido 3-etilbenzotiazolina-6-sulfónico) (Chokshi et al., 2016). O comportamento antibacteriano das nanopartículas sintetizadas a partir de algas foi estudado contra uma variedade de estirpes bacterianas. Os nanomateriais de prata fabricados a partir da alga castanha *Padina tetrastromatica* abrandaram eficazmente o crescimento de *P. aeuroginosa, Klebsiella planticola* e *Bacillus subtilis* (Sangeetha et al., 2012). Existem várias limitações ou desvantagens relacionadas com a terapia medicamentosa convencional, como o espetro antimicrobiano estreito, a irritação da pele, as alergias e o efeito citotóxico nas células do corpo, etc. As AgNPs podem ser uma alternativa perfeita aos medicamentos convencionais, uma vez que têm baixa toxicidade para o sistema, são eficazes contra agentes patogénicos multirresistentes e não são responsáveis por causar resistência aos medicamentos devido ao seu efeito antimicrobiano multinível. Outra vantagem da utilização de nanopartículas de prata é que reduzem a secreção de citocinas que, por sua vez, diminuem a infiltração de mastócitos e, por conseguinte, actuam como agentes anti-inflamatórios (Thirumurugan et al , 2011).

Atualmente, as AgNPs são amplamente utilizadas como agente terapêutico, no diagnóstico e tratamento do cancro. Isto deve-se ao facto de a toxicidade das nanopartículas de prata para as células cancerosas ser superior à dos materiais a granel. Observou-se que as AgNPs actuam como um agente antitumoral, suprimindo a progressão das células tumorais. A razão provável para este facto pode ser a ação inibidora das nanopartículas em várias cascatas de sinalização que são necessárias para o desenvolvimento e a patogénese do cancro. Curiosamente, não existe um efeito letal das nanopartículas nas células normais (Gomathi et al, 2019).

**Conclusão:**

Estudos recentes mostram que a síntese biogénica de nanopartículas de prata utilizando fungos apresenta várias vantagens e que estes materiais têm um potencial promissor para uma série de aplicações nas áreas da saúde e da agricultura. A possibilidade de utilizar diferentes espécies de fungos e de efetuar a síntese em diferentes condições de temperatura, pH, quantidade de biomassa e concentração do precursor metálico, entre outras, permite a produção de nanopartículas com diferentes caraterísticas físico-químicas. No entanto, para que a utilização de fungos para a síntese biogénica seja bem sucedida, há uma série de desvantagens que têm de ser ultrapassadas. Estas incluem a necessidade de saber qual o fungo a utilizar, os seus parâmetros de crescimento, a necessidade de condições estéreis e o tempo necessário para o crescimento do fungo e para a conclusão da síntese.

As nanopartículas de prata são habitualmente utilizadas como agentes antibacterianos; é necessária uma ideia inovadora para a aplicação eficaz das nanopartículas de prata como agentes terapêuticos para doenças e infecções desconhecidas. As nanopartículas de prata têm vantagens importantes na biomedicina devido à sua flexibilidade física e química. Embora ainda existam vários métodos químicos e bioquímicos, é urgentemente necessária uma versão melhorada das nanopartículas de prata para aplicações alargadas de uma forma amiga do ambiente (Shanmuganathan et al., 2019).

As algas, tal como outras espécies biológicas, como os cogumelos, as leveduras e as bactérias, têm efeitos significativos na síntese de nanopartículas. A nanossíntese baseada em algas desenvolveu-se num ramo separado conhecido como fito-nanotecnologia (Mukherje et. al, 2021). Foram realizados vários estudos sobre a biossíntese de nanopartículas utilizando extractos de algas marinhas. No entanto, a utilização de microalgas para a síntese de nanopartículas é muito limitada. A este respeito, várias experiências recentes mostraram que as microalgas podem ser utilizadas para sintetizar nanopartículas metálicas. Tanto as microalgas como as macroalgas estão na vanguarda do desenvolvimento de nanopartículas que podem efetivamente proporcionar uma série de aplicações. As algas são também comuns na agricultura. Quando as algas marinhas (macroalgas) são utilizadas como fertilizantes, há menos escoamento de azoto e fósforo do que quando se utiliza estrume animal. As algas são reconhecidas pela sua capacidade de hiperacumular iões de metais pesados e de se remodelarem em formas mais maleáveis. Devido a estas caraterísticas atractivas, as algas têm sido propostas como organismos modelo para o processamento de bio-nanomateriais.

Para estudar os processos de síntese de nanopartículas, serão utilizadas diferentes formas de algas que ainda não foram objeto de investigação aprofundada. Para identificar as proteínas e as enzimas envolvidas na síntese de nanopartículas de algas, será necessária uma investigação aprofundada para compreender os mecanismos exactos da reação. A conceção de técnicas fáceis e de baixo custo tornará o processo de síntese comercialmente viável. A nanobiotecnologia tem a capacidade de revolucionar a saúde humana, bem como os mercados agrícola e alimentar, oferecendo novos métodos de prevenção e identificação de doenças. Por conseguinte, devem ser estabelecidos métodos úteis para investigar a capacidade biológica das algas e das algas azuis-verdes para a síntese de nanopartículas, bem como o seu comportamento e agregação em animais e plantas.

**Referências:**

Bansal V., R. Ramanathan, S.K. Bhargava, (2011) Abordagens biológicas mediadas por fungos para a síntese "verde" de nanomateriais de óxido. Aust. J. Chem, 64, pp. 279-293.

Chokshi, K., Pancha, I., Ghosh, T., Paliwal, C., Maurya, R., Ghosh, A., et al. (2016). Síntese verde, caraterização e potencial antioxidante de nanopartículas de prata biossintetizadas a partir de biomassa desengordurada de microalgas oleaginosas termotolerantes Acutodesmus dimorphus. RSC Adv. 6, 72269-72274. doi: 10.1039/c6ra15322d.

Dhillon, G.S. S.K. Brar, S. Kaur, M. Verma, (2012), Abordagem verde para a biossíntese de nanopartículas por fungos: tendências e aplicações actuais. Rev. Biotechnol., 32 pp. 49-73.

Comissão Europeia, (2010). Scientific Basis for the Definition of the Term "Nanomaterial" Comissão Europeia, Comité Científico dos Riscos para a Saúde Emergentes e Recentemente Identificados (CCRSERI). Bruxelas, Bélgica. Disponível em: http://ec.europa.eu/health/scientific_committees/emerging/docs/scenihr_o_032.pdf (acedido em 12.05.24).

Fawcett, D., Verduin, J. J., Shah, M., Sharma, S. B., e Poinern, G. E. J. (2017). Uma revisão da pesquisa atual sobre a síntese biogênica de nanopartículas de metal e óxido de metal por meio de algas marinhas e ervas marinhas. J. Nanosci. 2017, 1-15. doi: 10.1155/2017/8013850.

Gadd, G.M. (2007), Geomycology: biogeochemical transformations of rocks, minerals, metals and radionuclides by fungi, bioweathering and bioremediation . Mycol. Res., 111 pp. 3-49.

Gadd, G.M. J.A. Raven (2010), Geomicrobiology of eukaryotic microorganisms Geomicrobiol. J., 27 pp. 491-519.

Gade, A. A. Ingle, C. Whiteley, M. Rai, (2010), Mycogenic metal nanoparticles: progress and applications , Biotechnol. Lett., 32 pp. 593-600.

Gomathi AC, Xavier Rajarathinam SR, Mohammed Sadiq A, Rajeshkumar S (2019) Atividade anticancerígena de nanopartículas de prata sintetizadas usando extrato aquoso de casca de frutas de Tamarindus indica na linha celular de câncer de mama humano MCF-7. J Drug Deliv Sci Technol. Elsevier 55:101376. https://doi.org/10.1016/j.jddst.2019.101376

ISO/TS 80004-2: Nanotecnologias - Vocabulário - Parte 2: Nano-objectos. Organização Internacional de Normalização, 2015.

Leaf, M. C., Gay, J. S. A., Newbould, M. J., Hewitt, O. R., e Rogers, S. L. (2020). Algas calcárias e cianobactérias. Geol. Today 36, 75-80.

Mitesh Patel, Malvi Surti, Arif Jamal Siddiqui, Mohd Adnan, Capítulo 27 - Fungi and metal nanoparticles, Editor(es): Boris Kharisov, Oxana Kharissova, Handbook of Greener Synthesis of Nanomaterials and Compounds, Elsevier, 2021, Páginas 861-890, ISBN 9780128219386, https://doi.org/10.1016/B978-0-12-821938-6.00027-X.

Mukherjee Abhishek, Dhruba Sarkar, Soumya Sasmal, ()Uma revisão da síntese verde de nanopartículas metálicas usando algas, Front. Microbiol., 26 de agosto de 2021 Sec. Microbiotecnologia Volume 12 - 2021 | https://doi.org/10.3389/fmicb.2021.693899.

Nam NH, Luong NH. Nanopartículas: síntese e aplicações. Materiais para Engenharia Biomédica. 2019:211-40. doi: 10.1016/B978-0-08-102814-8.00008-1. Epub 2019 Mar 29. PMCID: PMC7151836.

Oztürk, B. Y. (2019). Síntese verde intracelular e extracelular de nanopartículas de prata usando Desmodesmus sp: Seus efeitos antibacterianos e antifúngicos. Caryologia 72, 29-43. doi: 10.13128/cayologia-249.

Parial, D., e Pal, R. (2015). Biossíntese de nanopartículas de ouro monodispersas por alga verde Rhizoclonium e alterações bioquímicas associadas. J. Appl. Phycol. 27, 975-984. doi: 10.1007/s10811-014-0355-x.

Ponnuchamy, K., e Jacob, J. A. (2016). Nanopartículas metálicas de algas marinhas - uma revisão. Nanotechnol. Rev. 5, 589-600. doi: 10.1515/ntrev-2016-0010.

Qianwei Li, Feixue Liu, Min Li, Chunmao Chen, Geoffrey Michael Gadd, Produção de nanopartículas e nanominerais por fungos, Fungal Biology Reviews, Volume 41, 2022, Páginas 31-44, ISSN 1749-4613, https://doi.org/10.1016/j.fbr.2021.07.003.

Sangeetha, N., Manikandan, S., Singh, M., e Kumaraguru, K. A. (2012). Biossíntese e caraterização de nanopartículas de prata usando alginato de sódio recém-extraído da alga marinha Padina tetrastromatica do Golfo de Mannar, Índia. Curr. Nanosci. 8, 697-702. doi: 10.2174/157341312802884328.

Santheraleka Ramanathan, Subash C.B. Gopinath, M.K. Md Arshad, Prabakaran Poopalan, Veeradasan Perumal, 2 - Métodos de síntese de nanopartículas: pontos fortes e limitações, Editor(es): Subash C.B. Gopinath, Fang Gang, Nanoparticles in Analytical and Medical Devices, Elsevier,2021,Pages 31-43,ISBN 9780128211632, https://doi.org/10.1016/B978-0-12-821163-2.00002-9.

Shanmuganathan, R., Karuppusamy, I., Saravanan, M., Muthukumar, H., Ponnuchamy, K., Ramkumar, V. S.,. (2019). Síntese de nanopartículas de prata e suas aplicações biomédicas - uma revisão abrangente. Curr. Pharm. Des. 25, 2650-2660.

Singh, J., Dutta, T., Kim, KH. *et al.* Síntese 'verde' de metais e suas nanopartículas de óxido: aplicações para remediação ambiental. *J Nanobiotechnol* **16**, 84 (2018). https://doi.org/10.1186/s12951-018-0408-4.

Terra, A. L. M., Kosinski, R. D. C., Moreira, J. B., Costa, J. A. V., e Morais, M. G. D. (2019). Biossíntese de microalgas de nanopartículas de prata para aplicação no controle de patógenos agrícolas. J. Environ. Sci. Health Part B 54, 709-716. doi: 10.1080/03601234.2019.1631098.

Thirumurugan G, Veni VS, Ramachandran S, Seshagiri Rao JVLN, Dhanaraju MD (2011) Efeito superior na cicatrização de feridas de uma formulação de nanopartículas de prata de aplicação tópica utilizando um fungo patogénico de plantas de batata amigo do ambiente: síntese e caraterização. J Biomed Nanotechnol 7(5):659-666. 666. https://doi.org/10.1166/jbn.2011.1336

Wang, D., Xue, B., Wang, L. *et al.* Síntese verde de nano-prata mediada por fungos usando *Aspergillus sydowii* e suas atividades antifúngicas / antiproliferativas. *Sci Rep* **11**, 10356 (2021). https://doi.org/10.1038/s41598-021-89854-5.